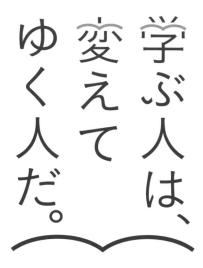

学ぶ人は、
変えて
ゆく人だ。

目の前にある問題はもちろん、

人生の問いや、

社会の課題を自ら見つけ、

挑み続けるために、人は学ぶ。

「学び」で、

少しずつ世界は変えてゆける。

いつでも、どこでも、誰でも、

学ぶことができる世の中へ。

旺文社

JN046949

# はじめに

『高校入試合格でる順シリーズ』は，高校入試に向けた学習を効率よくする
ための問題集です。
このシリーズでは，実際に出題された高校入試問題を分析し，入試に必要
なすべての単元を，出題率の高い順に並べています。出題率が高い順に
学習することで，入試までの時間を有効に使うことができます。

本書はそれぞれの単元に，くわしいまとめと，入試過去問題を掲載して
います。問題を解いていてわからないことがでてきたら，まとめにもどって
学習することができます。入試に向けて，わからないところやつまずいた
ところをなくしていきましょう。また，入試問題は実際に出題されたもの
を掲載していますので，本番と同じレベルの問題で実力を試すことができ
ます。

本書がみなさんの志望校合格のお役に立てることを願っています。

旺文社

# 本書の特長と使い方

本書は，高校入試の問題を旺文社独自に分析し，重要な単元を入試に「でる順」に並べた問題集です。入試直前期にも解ききれる分量になっており，必要な知識を短期間で学習できます。この問題集を最後まで解いて，入試を突破する力を身につけましょう。

## STEP 1 まとめ

各単元の重要な項目をコンパクトにまとめています。

 **入試によくでることがら**

 **入試で間違いやすいことがら**

## STEP 2 入試問題で実力チェック！

実際の入試問題で学んだ知識を試してみましょう。

 **入試によくでる問題**

 **知識だけでなく，考える力が試される問題**

 **発展的な問題**

正答率 80.0% **正答率が50%以上の問題**

正答率 30.0% **正答率が50%未満の問題**

## 実力完成テスト

オリジナルの実力完成テストを2回分収録しています。
最後の力試しにどのぐらい解けるか，挑戦してみてください。

# もくじ

編集協力：有限会社マイプラン 峰山俊寛
装丁・本文デザイン：牧野剛士
組版・図版：株式会社ユニックス
校正：田中麻衣子
出口明憲
平松元子
山崎真理

# 電流

## 1 電流・電圧・電気抵抗

- **電流**…電気の流れ。単位は**A**（アンペア）。電流計は**直列**につなぐ。
- **電圧**…電流を流そうとするはたらき。単位は**V**（ボルト）。電圧計は**並列**につなぐ。

よくでる

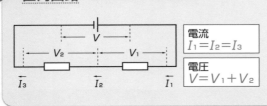

・**直列回路**…道すじが1本の回路。

電流
$I_1 = I_2 = I_3$

電圧
$V = V_1 + V_2$

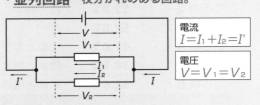

・**並列回路**…枝分かれのある回路。

電流
$I = I_1 + I_2 = I'$

電圧
$V = V_1 = V_2$

- **電気抵抗（抵抗）**…電流の流れにくさ。単位は**Ω**（オーム）。1Vの電圧で1Aの電流が流れるときの電気抵抗が1Ω。

よくでる

・**オームの法則**…電流は電圧に比例する。

$$V = R \times I \qquad R = \frac{V}{I} \qquad I = \frac{V}{R}$$

$V$：電圧　　$I$：電流　　$R$：抵抗

よくでる

・**直列回路の抵抗**
　全体の抵抗$R$は各抵抗の和
・**並列回路の抵抗**
　全体の抵抗は各抵抗よりも小さい

## 2 電力と電力量

- **電力**…電流が一定時間にはたらく能力の大小を表す量。　電力〔W〕＝電流〔A〕×電圧〔V〕
- **電力量**…電流によって消費した電気エネルギー量。　電力量〔J〕＝電力〔W〕×時間〔s〕
- **熱量**…電流を流したときに発生する熱の量。　熱量〔J〕＝電力〔W〕×時間〔s〕

## 3 静電気と放電

- **静電気**…物体にたまった電気。＋と＋，－と－はしりぞけ合い，＋と－は引き合う。
- **放電**…空間に電気が流れたり，たまっていた電気が流れ出したりする現象。雷や真空放電など。
- **陰極線（電子線）**…真空放電管に電圧をかけたとき，陰極から出る**電子**の流れ。電子は**－**の電気をもつ。

## 4 放射線

- **放射線の性質**…高いエネルギーをもつ粒子や電磁波で，物質を通り抜けたり（**透過性**），原子から電子を弾き飛ばしてイオン化させたりする（**電離作用**）。
- **放射線の種類**… $\alpha$ 線，$\beta$ 線，$\gamma$ 線，X 線，中性子線など。

## 5 導体と不導体（絶縁体）

- **導体**…電気を通しやすい物質。電気抵抗が小さい。金属など。
- **不導体（絶縁体）**…電気をほとんど通さない物質。電気抵抗が大きい。ガラスや木，紙，ゴムなど。

解答解説
別冊
P.1

**正答率 67%**

**1** 図のような回路で，同じ種類の豆電球A，B，Cを光らせた。このときの豆電球の明るさについて，正しいことを述べているものはどれか。次の**ア〜エ**から1つ選べ。〈栃木県〉 →P.4 **1**

豆電球C
豆電球A 豆電球B

[ ]

**ア** 豆電球Aが最も明るい。　　**イ** 豆電球Bが最も明るい。
**ウ** 豆電球Cが最も明るい。　　**エ** どれも同じ明るさである。

**ヒント** 直列回路では，流れる電流の大きさはどこも同じ。

**正答率 52%**

**2** 10Ωの抵抗器を2個と電流計，電源装置を用いて回路をつくり，電源装置の電圧を10Vにしたところ電流計は2Aを示した。次の**ア〜エ**のうち，このときの回路図として正しいものはどれか。1つ選びその記号を書け。〈岩手県〉 →P.4 **1**　　[ ]

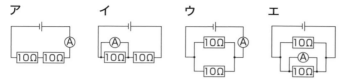

**ア**　　　**イ**　　　**ウ**　　　**エ**

**3** 右の図は，12Vの電源装置と1.2Ωの抵抗器A，2Ωの抵抗器B，3Ωの抵抗器Cをつないだ回路図である。この回路に電圧を加えたときの，回路上の点p，点q，点rを流れる電流の大きさを，それぞれ$P$〔A〕，$Q$〔A〕，$R$〔A〕とした。このとき，$P$，$Q$，$R$の関係を表したものとして適切なのは，次のうちではどれか。〈東京都〉 →P.4 **1**

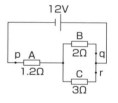

[ ]

**ア** $P<Q<R$　　　**イ** $P<R<Q$　　　**ウ** $Q<R<P$　　　**エ** $R<Q<P$

**4** 電流の正体を調べるため，右の図のような真空放電管（クルックス管）に高い電圧を加え真空放電させると，蛍光面に十字形の金属板のかげができた。次の**ア〜エ**のうち，真空放電管の＋極と，真空放電管中の電子の流れの向きの組み合わせとして正しいものはどれか。1つ選び，その記号を書け。〈岩手県〉 →P.4 **3**

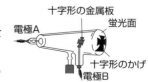

十字形の金属板
蛍光面
電極A
十字形のかげ
電極B

[ ]

|  | **ア** | **イ** | **ウ** | **エ** |
|---|---|---|---|---|
| ＋極 | 電極A | 電極A | 電極B | 電極B |
| 電子の流れの向き | A→B | B→A | A→B | B→A |

**5** 摩擦したときに起こる電気により引き起こされる身近な現象はどれか。次の**ア〜エ**から1つ選べ。〈山口県〉 →P.4 **3**　　[ ]

**ア** 棒磁石でこすった鉄製の針を紙にのせ，水に浮かべると南北を向いた。
**イ** のこぎりで木を切った直後，のこぎりの歯にさわると熱くなっていた。
**ウ** 空気の乾燥した日にセーターをぬぐと，パチパチと音がした。
**エ** 石と石を激しく打ちつけ合うと，まわりに火花がいくつも飛んだ。

**6** 図1のように，電源装置（直流），抵抗器，スイッチ，電圧計，電流計を接続し，電源装置の電圧調整つまみを動かして，電圧計が示す電圧の大きさを変化させ，その時の電流計が示す電流の大きさを読みとり記録した。右下の表はその結果である。ただし，図中のX，Yは，電圧計，電流計のいずれかである。あとの問いに答えなさい。〈鹿児島県〉 →P.4 **1** **2**

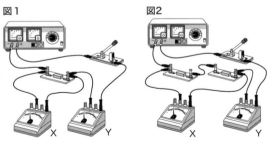

| 電圧〔V〕 | 0 | 2.0 | 4.0 | 6.0 | 8.0 |
|---|---|---|---|---|---|
| 電流〔mA〕 | 0 | 60 | 120 | 180 | 240 |

図1　図2

X　Y　X　Y

正答率 71%
(1) 図1の回路を，次の電気用図記号を用いて回路図で表せ。

| 直流電源 | 抵抗器 | スイッチ | 電圧計 | 電流計 |
|---|---|---|---|---|
| ─┤├─ | ─▭─ | ─╱─ | ─Ⓥ─ | ─Ⓐ─ |

正答率 83%
(2) 結果から，抵抗器に加わる電圧と流れる電流の大きさには，どのような関係があるか。

[　　　　　　　　　]

ハイレベル 正答率 21%
(3) 図1の抵抗器と同じ抵抗器を，図2のように直列に2個つないで，電源装置に接続した。上表と同じように電圧を変化させるとき，電圧計が示す電圧の大きさと電流計が示す電流の大きさの関係を表すグラフを右にかけ。ただし，電圧の大きさ〔V〕を横軸，電流の大きさ〔A〕を縦軸とする。

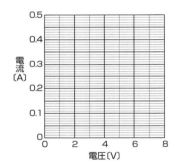

ハイレベル 正答率 10%
(4) 図2において，電圧計が示す電圧の大きさを4.0Vにしたまま5分間電流を流したとき，2個の抵抗器全体で消費する電力量は何Jか。 [　　　　　　　　　]

**7** 右の図のように，6.0Vを加えたとき9.0Wの電力を消費する電熱線Aを使って回路を組み立て，電熱線Aを水の入ったポリエチレンのビーカーに入れた。電熱線Aに電圧計の値が6.0Vを示すように電圧を加えたところ，電流計の値が1.5Aを示し，水の温度が上昇し始めた。次に，6.0Vを加えたとき18.0Wの電力を消費する電熱線Bに変えて同様の実験を行った。次の問いに答えなさい。〈徳島県〉 →P.4 **1** **2**

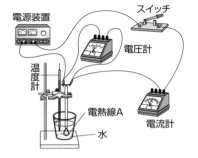

(1) この実験で，電熱線Aの抵抗の大きさは何Ωか。

[　　　　　　　　　]

(2) 電熱線Aと電熱線Bを比べると，電熱線Bのほうが，より早く水の温度を上昇させることがわかった。このように，同じ電圧を加えたとき，電力の大きい電熱線のほうが，多くの熱を発生した理由は何か。

[　　　　　　　　　　　　　　　　　　　　　　　　　　　　　]

**8** 電気に関する実験を行った。あとの問いに答えなさい。〈富山県〉　➡P.4 **1** **2**

〈実験1〉　**図1**の電気器具を使って，抵抗の大きさがわからない抵抗器Pの両端に加わる電圧の大きさと流れる電流の大きさを同時に調べたところ，**図2**の結果になった。

〈実験2〉　抵抗の大きさが30Ω，50Ω，60Ωのいずれかである抵抗器Q，R，Sを使って，**図3**，**図4**のように2つの回路をつくり，それぞれについてAB間の電圧の大きさと点Aを流れる電流の大きさとの関係を調べた。**図5**の2つのグラフは，一方が**図3**，もう一方が**図4**の結果を表している。

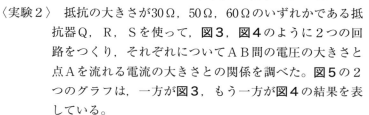

図1

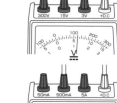

図2

(1)　実験1を行うには，どのように回路をつくればよいか。**図1**中の・をつなぐ導線をかき加え，回路を完成させよ。

(2)　抵抗器Pの抵抗の大きさは何Ωか，**図2**から求めよ。
[　　　　　　　　　　]

**思考力**

(3)　抵抗器Q，R，Sの抵抗の大きさは何Ωか，それぞれ求めよ。　　　　　　　　　　Q[　　　　　　　]
R[　　　　　　　]　S[　　　　　　　]

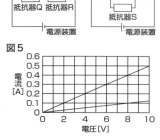

図3　図4

(4)　回路の電源の電圧を等しくしたとき，**図3**の抵抗器Rで1秒間あたりに発生する熱量は，**図4**の抵抗器Rで1秒間あたりに発生する熱量の何倍か，分数で答えよ。
[　　　　　倍]

> **ヒント** 並列回路の回路全体の抵抗（$R$）は，各抵抗器の抵抗（$R_1$, $R_2$）よりも小さい。$\dfrac{1}{R} = \dfrac{1}{R_1} + \dfrac{1}{R_2}$

図5

**9** **図1**のように2本のプラスチックのストローA，Bをティッシュペーパーでよくこすり，**図2**のように，ストローAを竹ぐしにかぶせ，ストローBを近づけると，2本のストローはしりぞけ合った。次の(1)，(2)に答えなさい。〈山口県〉　➡P.4 **3**

(1)　プラスチックと紙のように異なる種類の物質を，たがいにこすり合わせたときに発生する電気を何というか，書け。
[　　　　　　　　　　　　　　　　　　]

(2)　**図3**のように，竹ぐしにかぶせたストローAに，ストローAをこすったティッシュペーパーを近づけた。次の文がこのとき起きる現象を説明したものとなるように，（　　）内のa～dの語句について，正しい組み合わせを，下の**ア**～**エ**から1つ選び，記号で答えよ。　　　　[　　　　　]

> 竹ぐしにかぶせたストローAと，ストローAをこすったティッシュペーパーは，（a 同じ種類　b 異なる種類）の電気を帯びているため，たがいに（c 引き合う　d しりぞけ合う）。

**ア** aとc　　**イ** aとd　　**ウ** bとc　　**エ** bとd

# 光・音

## 1 光

- **光の直進**…空気，水などの一様な物質の中で，光がまっすぐ進むこと。

- **光の反射**…光が物体の表面ではね返ること。**入射角＝反射角**

- **光の屈折**…別種類の透明な物質間を光が進むとき，境界面で光が曲がること。
  - ・空気中→水中（ガラス中）…**入射角＞屈折角**
  - ・水中（ガラス中）→空気中…**入射角＜屈折角**

- **全反射**…光が水中やガラス中から空気中へ進むとき，入射角が一定以上大きくなると，境界面ですべて反射する現象。

光の進み方

## 2 凸レンズと像

- **実像**…実際に光が集まってできる像で，スクリーンにうつすことができる。

- **虚像**…凸レンズを通して見える，物体より大きい像。実際には光が集まっておらず，スクリーンにうつすことができない像。鏡にうつった像やルーペを通して見える像も虚像。

**よくでる** **凸レンズによる像の作図**
①光軸に平行な光は焦点を通る。
②凸レンズの中心を通る光は直進する。
③焦点を通った光は光軸に平行に進む。

物体が焦点の外側

物体が焦点の内側

## 3 音の性質

- **音の発生と伝わり方**…音は，音源（発音体）が振動することで発生する。音源の振動が空気に伝わり，その振動が波となって伝わっていく。

  **ミス注意** 音は，液体中や固体中も伝わる。真空中では伝わらない。

- **音の速さ**…空気中で約340m/s。

- **振幅と振動数**…振動の幅を振幅といい，1秒間に振動する回数を振動数という。振動数の単位は**Hz（ヘルツ）**。

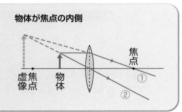

- **音の大きさと高さ**…振幅が大きいほど音が大きい。振動数が多いほど音が高い。

**よくでる** **モノコードの弦と音の高さの関係**
①弦が短い→高い音　②弦が細い→高い音　③弦の張りが強い→高い音

**1** 光の進み方を調べる実験を行った。あとの問いに答えなさい。〈富山県〉 →P.8 **1**

〈実験1〉 **図1**，**図2**のように，光源装置から出した光を半円形ガラスと台形ガラスに当てた。

〈実験2〉 ㋐**図3**のように，直方体の水そうを用意し，O点の位置から視線を矢印の方向に保ちながら水そうに液体を入れていった。なお，**図3**は水そうを真横から見たようすを模式的に表したものである。

㋑水そうに入れた液体の液面の高さがP点の位置まで来たときに，水そうの底のA点が見えた。

㋒さらに液体を入れたところ，液面がある高さになったところで，水そうの底のB点が見えた。

〈実験3〉 **図4**のように，正方形のマス目の上に鏡を置いたあと，a〜dの位置に棒を立て，花子さんが立っている位置からそれぞれの棒が鏡にうつって見えるかどうか確かめた。ただし，鏡の厚さは考えないものとする。

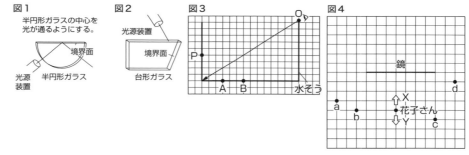

図1 半円形ガラスの中心を光が通るようにする。 光源装置 半円形ガラス 境界面
図2 光源装置 境界面 台形ガラス
図3 O P A B 水そう
図4 鏡 a b X 花子さん c Y d

(1) **図1**のように，半円形ガラスに光を当てた場合，光は境界面を通りぬけなかった。このような現象を何というか，書け。　　　　　　　　　　[　　　　　　　　　　]

(2) **図2**のように，台形ガラスに光を当てた場合，光は境界面を通りぬけた。屈折して進む光の道すじを表したものとして，最も適切なものはどれか。次の**ア〜エ**から1つ選び，記号で答えよ。なお，矢印は，光の道すじを表したものである。　　[　　　　　　]

ア　イ　ウ　エ

> **ヒント** 屈折角は，空気中からガラス中に入射したとき入射角より小さくなり，ガラス中から空気中に入射したとき入射角より大きくなる。

(3) 実験2の㋒において，B点が見えたときの液面の高さはどこか，作図によって求め，その液面を**図3**に実線（———）で示せ。ただし，液面の高さを求めるための補助線は，破線（………）として残しておくこと。

(4) 実験3において，花子さんから見たとき，鏡にうつって見える棒を，**図4**のa〜dからすべて選び，記号で答えよ。　　　　　　　　　　　[　　　　　　　　　　]

(5) 実験3において，花子さんからa〜dのすべての棒が鏡にうつって見えるようになるのは，花子さんがX，Yのいずれの方向に，何マス移動したあとか，答えよ。

　　　　　　　　　　　　　　　　　　　　　　　　　[　　　　　　　　　　]

**2** 虫めがねによる像のでき方を調べるために，次の実験を行った。あとの(1)～(4)に答えなさい。〈山口県〉 →P.8 **2**

〈実験〉 ① 図1のように，Lの文字を切り抜いた黒い画用紙を用意した。

② 図2のように，スタンドの上に光源を設置し，光源の上に①の画用紙を置いた。また，物差しの0の目盛りを画用紙の位置とし，虫めがねの位置を0の目盛りの位置から30.0cmになるように固定した。

③ 半透明の紙でつくったスクリーンに，はっきりとした像ができるようにスクリーンの位置を調節し，その位置を記録した。

④ ②の虫めがねの位置を，25.0cm，20.0cm，15.0cm，10.0cm，5.0cmに変えて，③の操作を行った。

⑤ 記録したそれぞれのスクリーンの位置を，表にまとめた。

図1

図2
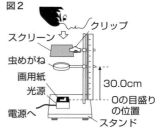

| 虫めがねの位置〔cm〕 | 30.0 | 25.0 | 20.0 | 15.0 | 10.0 | 5.0 |
|---|---|---|---|---|---|---|
| スクリーンの位置〔cm〕 | 40.9 | 36.8 | 33.3 | 32.1 | 50.0 | － |

※「－」は，はっきりとした像ができなかったことを示している。

(1) 虫めがねを通った光のように，光が異なる物質の境界へ進むとき，境界の面で光が屈折する。光の屈折が原因で起こる現象として，最も適切なものを，次のア～エから選び，記号で答えよ。 [     ]

ア 風のない日に，湖の水面に周りの景色がうつる。

イ 底にコインを置いたカップにそっと水を注ぐと，水を注ぐ前には一部しか見えていなかったコインの全体が見えてくる。

ウ 平面の鏡の前に立つと，鏡に自分の姿がうつる。

エ 光が線香のけむりにあたると，光がいろいろな方向に散らばり，光の道すじが見える。

(2) 虫めがねの位置が，0の目盛りの位置から15.0cmのとき，図2の⇩の方向から観察すると，スクリーンにどのような向きの像ができるか。適切なものを，次のア～エから1つ選び，記号で答えよ。 [     ]

ア　　　　　イ　　　　　ウ　　　　　エ

〔■は，スクリーンをクリップではさんでいる位置を示している。〕

**ヒント** スクリーンにできる像は，上下左右が逆向きになる。

(3) 〈実験〉で調べた中で，スクリーンにできた像がいちばん大きかったのは，虫めがねの位置が何cmのときか。次のア～オから1つ選び，記号で答えよ。 [     ]

ア 30.0cm 　　イ 25.0cm 　　ウ 20.0cm 　　エ 15.0cm 　　オ 10.0cm

(4) 〈実験〉の④において，虫めがねの位置が5.0cmのとき，スクリーンにはっきりとした像ができなかった理由を，虫めがねとスクリーンとの間の光の道すじに着目し，「焦点距離」という語を用いて述べよ。

[                                                                      ]

**3** 音の規則性について調べる実験を行った。あとの問いに答えなさい。〈北海道〉 →P.8 **3**

〔実験1〕 図1のような，1本の弦を木片で短い弦と長い弦に区切ったモノコードを用意した。はじく強さをいろいろ変えて，短い弦と長い弦をそれぞれはじき，<sub>a</sub>弦の長短と音の高さとの関係と，はじく強さと音の高さとの関係について調べた。

図1 短い弦 木片 長い弦

モノコード

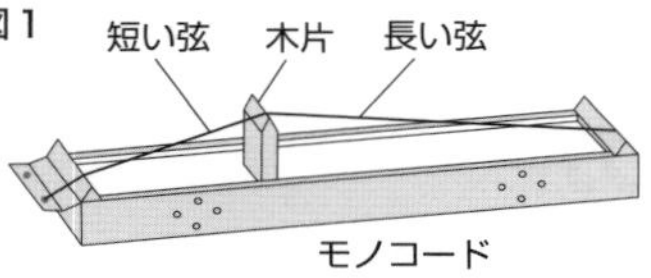

〔実験2〕 弦を木片で区切っていないモノコードと，異なる高さの音を出す2台のおんさA，Bを用意した。それぞれの音の振動のようすを，マイクを接続したコンピュータで調べたところ，弦の音の高さはAと同じであることがわかった。図2は，コンピュータの画面に表示されたAの音の振動のようすである。なお，横軸は時間を，縦軸は音の振動の幅を表している。

図2
おんさAの音の
振動のようす

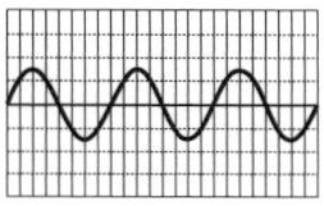

次に，弦をはじきながら弦の張りを少しずつ強くしていったところ，やがて弦の音がBの音と同じ高さに聞こえたので，コンピュータの画面で比べ，<sub>b</sub>同じ高さの音であることを確かめた。

(1) モノコードの弦の音の大きさは，弦をはじいたあと，時間とともに少しずつ小さくなっていく。次の文は，その理由を説明したものである。説明が完成するように，□□□にあてはまる文を書け。

[                                                              ]

モノコードの弦の音の大きさが小さくなるのは，弦の□□□□□□□である。

(2) 下線部 a の結果について正しく説明しているものを，次の**ア**〜**エ**から1つ選べ。

[          ]

**ア** 弦をはじく強さにかかわらず，長い弦は短い弦より音が高かった。
**イ** 弦をはじく強さにかかわらず，長い弦は短い弦より音が低かった。
**ウ** 弦の長短にかかわらず，弦を強くはじくほど，弦の音は高くなった。
**エ** 弦の長短にかかわらず，弦を強くはじくほど，弦の音は低くなった。

(3) 下線部 b のとき，コンピュータの画面に表示されたおんさ B の音の振動のようすとして，最も適当なものを，次の**ア**〜**エ**から1つ選べ。ただし，**ア**〜**エ**の目盛りの幅は図2と同じものとする。

[          ]

**ア**　　　　　**イ**　　　　　**ウ**　　　　　**エ**

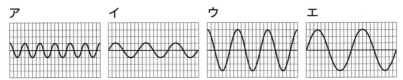

**4** ある場所で発生した雷の，光が見えた瞬間の時刻と，音が聞こえ始めた時刻を観測した。表はその結果をまとめたものである。観測した場所から，この雷までの距離は約何kmか。**ア**〜**エ**から最も適切なものを1つ選び，符号で書け。ただし，空気中を伝わる音の速さは340m/sとする。

| 光が見えた瞬間の時刻 | 音が聞こえ始めた時刻 |
| --- | --- |
| 19時45分56秒 | 19時46分03秒 |

〈岐阜県〉 →P.8 **3**

[          ]

**ア** 約2.38km　　　**イ** 約18.0km　　　**ウ** 約19.4km　　　**エ** 約48.6km

# 力

## 1 力

- **力のはたらき**…物体を変形させる，物体を支える，物体の運動の状態を変える。

- **力の種類**…弾性の力（弾性力），摩擦力，重力，電気の力，磁石の力（磁力）など。

- **フックの法則**…ばねののびは，ばねにはたらく力の大きさに**比例**するという関係。

- **力の三要素**…**力の大きさ，力の向き，力のはたらく点（作用点）**。力の三要素を用いて矢印で力を表す。

- **質量**…物体そのものの量。単位は**g**や**kg**。

- **重さ**…物体にはたらく重力の大きさ。単位は**N**（ニュートン）。

**よくでる** **フックの法則**

**力の表し方**

## 2 力のつり合い

- **2力のつり合い**… 1つの物体に2力がはたらいて，物体が動かないとき，これらの力はつり合っているという。

- **2力がつり合う条件**… 2力の大きさが等しく，2力が一直線上にあり，2力の向きが反対。

## 3 水圧と浮力

- **水圧**…水の重さによって生じる圧力。**あらゆる向き**からはたらき，水深が深いほど大きい。

- **浮力**…水中で物体にはたらく上向きの力。物体がすべて水中にあるとき，水の深さが変わっても浮力は一定。

$$浮力〔N〕＝空気中での重さ〔N〕ー水中での重さ〔N〕$$

**浮力が生じるわけ**

## 4 力の合成と分解

- **力の合成**…複数の力と同じはたらきをする1つの力を求めること。合成して得られた力を**合力**という。

- **力の分解**…1つの力を，その力と同じはたらきをする複数の力に分けること。分解して得られた力を**分力**という。

**よくでる** ・2力の向きが異なるときの力の合成（左図）／力の分解（右図）

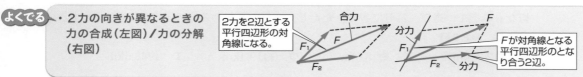

**1** 次の**ア**〜**エ**のうち，力の大きさを表す単位はどれか。〈栃木県〉 **➡P.12 1**

[　　　　　　　]

**ア** ニュートン　　　**イ** ジュール　　　**ウ** ワット　　　**エ** キログラム

**2** ある物体の質量と重さを月面上と地球上で測定したとする。月面上での測定値と地球上での測定値とを比較したとき，正しいことを述べているものを次の**ア**〜**エ**から１つ選べ。〈栃木県〉 **➡P.12 1**

[　　　　　　　]

**ア** 質量，重さとともに，月面上での測定値のほうが小さい。
**イ** 重さは同じであるが，質量は月面上での測定値のほうが小さい。
**ウ** 質量は同じであるが，重さは月面上での値のほうが小さい。
**エ** 質量，重さともに，地球上と月面上での測定値は同じである。

> **ヒント** 月の重力の大きさは地球の約 $\frac{1}{6}$ である。

**3** 一直線上で反対向きにはたらく力の関係を調べるために，実験を行い，結果を表にまとめた。あとの(1)(2)の問いに答えなさい。〈宮崎県〉 **➡P.12 1 4**

〔実験〕　①水平に置いた板にばねＡの一方をくぎで固定した。

②図１のように，ばねＡに糸１を結びつけ，その糸をばねばかり１で引き，ばねＡがある長さになったときのばねばかり１が示す値を記録した。

図1

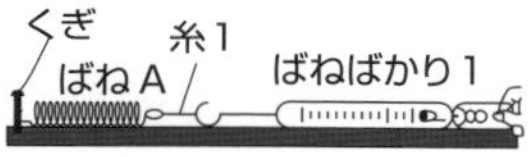

くぎ　糸1
ばねＡ　ばねばかり1

③図２のように，ばねＡの矢印 a で示した部分に糸２，３を結びつけ，ばねばかり２，３を引く力が一直線上で反対向きになるようにして，ばねＡの長さが図１のときと同じになるようにそれぞれの糸を引いた。このときのばねばかり２，３が示す値を記録した。

図2

糸2　　　　　　a　糸3
ばねばかり2　ばねＡ　ばねばかり3

| ばねばかり | ばねばかり1 | ばねばかり2 | ばねばかり3 |
|---|---|---|---|
| ばねばかりが示す値〔N〕 | 0.3 | 0.2 | （ **ア** ） |

(1)　表の（ **ア** ）に適切な数値を入れよ。　[　　　　　　　]

(2)　図３は，ばねＡと別のばねＢについて，ばねに加えた力の大きさとばねののびの関係を示したものである。ばねＡとばねＢに関する説明として，適切なものはどれか。次の**ア**〜**エ**から１つ選び，記号で答えよ。ただし，ばねＡおよびばねＢではフックの法則が成り立っているものとする。

[　　　　　　　]

図3

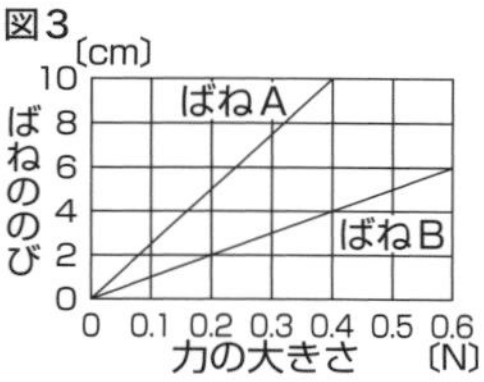

(cm)
10
8
6
4
2
0
ばねＡ
ばねＢ
0　0.1 0.2 0.3 0.4 0.5 0.6
力の大きさ　〔N〕
ばねののび

**ア** ばねＡを0.5Nの力で引くとき，ばねＡののびは15cmである。
**イ** ２つのばねを同じ力の大きさで引くとき，ばねののびが大きいのは，ばねＢである。
**ウ** ２つのばねののびが同じとき，ばねＢを引く力の大きさは，ばねＡを引く力の大きさの４倍である。
**エ** ばねＢののびが８cmになるときの力の大きさでばねＡを引くとき，ばねＡののびは20cmである。

> **ヒント** ばねののびがばねを引く力の大きさに比例することをフックの法則という。

**4** 図は，斜面上の台車にはたらく重力Wの大きさと向きを図示したものである。重力Wを，斜面に垂直な力$W_1$と斜面方向の力$W_2$に分解してそれぞれの大きさと向きを表す矢印をかけ。〈岐阜県〉
→P.12 **4**

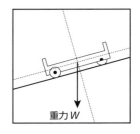

重力W

**5** 次の実験について，(1)，(2)の問いに答えなさい。ただし，糸ののびは無視できるものとする。また，ばねばかりは水平に置いたときに0Nを示すように調整してある。〈福島県〉 →P.12 **4**

〔実験〕 水平な台上に置いた方眼紙に点Oを記した。ばねばかりX～Zと金属の輪を糸でつなぎ，Zをくぎで固定した。

Ⅰ 図1のようにX，Yを引き，金属の輪を静止させ，X～Zの値を読みとった。このとき，金属の輪の中心の位置は点Oに合っていた。糸は水平で，たるまずに張られていた。

Ⅱ 図2のようにX，Yを引き，金属の輪を静止させ，X～Zの値を読みとった。このとき，金属の輪の位置，Xを引く向き，Zが示す値はⅠと同じであった。糸は水平で，たるまずに張られていた。

図1

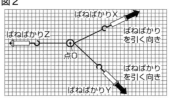

図2

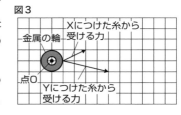

(1) 実験のⅠについて，図3は金属の輪がX，Yにつけたそれぞれの糸から受ける力を表したものであり，矢印の長さは力の大きさと比例してかかれている。次の①，②の問いに答えよ。

図3

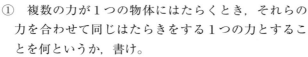

① 複数の力が1つの物体にはたらくとき，それらの力を合わせて同じはたらきをする1つの力とすることを何というか，書け。

正答率41%

[                    ]

正答率76% よくでる

② 図3の2つの力の合力を表す力の矢印を図3にかき入れよ。このとき，作図に用いた線は消さないでおくこと。

正答率14%

(2) 実験のⅡについて，実験のⅠのときと比べ，Xの値とYの値がそれぞれどのようになるかを示した組み合わせとして最も適当なものを，次のア～カの中から1つ選べ。

[                    ]

|   | Xの値 | Yの値 |
|---|---|---|
| ア | Ⅰのときより大きい | Ⅰのときより大きい |
| イ | Ⅰのときより大きい | Ⅰのときより小さい |
| ウ | Ⅰのときより小さい | Ⅰのときより大きい |
| エ | Ⅰのときより小さい | Ⅰのときより小さい |
| オ | Ⅰのときと等しい | Ⅰのときより大きい |
| カ | Ⅰのときと等しい | Ⅰのときより小さい |

**6** ばねを用いて実験を行った。次の問いに答えなさい。ただし，100gの物体にはたらく重力の大きさを1N，水の密度を1.0g/cm³とし，糸とばねの質量や体積は考えないものとする。

〈岐阜県〉 →P.12 **1 3**

〔実験〕 **図1**のように，何もつるさないときのばねの端の位置を，ものさしに印をつけた。次に，**図2**のように，底面積が16cm²の直方体で重さが1.2Nの物体Aをばねにつるし，水を入れたビーカーを持ち上げ，物体Aが傾いたり，ばねが振動したりすることのないように，物体Aを水中に沈めたときの，ばねののびを測定した。**図2**の$x$は，物体Aを水中に沈めたときの，水面から物体Aの底面までの深さを示しており，右の表は，実験の結果をまとめたものである。

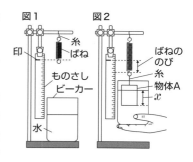

| 深さ$x$〔cm〕 | 0 | 1.0 | 2.0 | 3.0 | 4.0 | 5.0 | 6.0 | 7.0 |
|---|---|---|---|---|---|---|---|---|
| ばねののび〔cm〕 | 6.0 | 5.2 | 4.4 | 3.6 | 2.8 | 2.0 | 2.0 | 2.0 |

(1) 表をもとに，深さ$x$とばねののびの関係を，右のグラフにかき入れよ。なお，グラフの縦軸には適切な数値を書け。

(2) 物体Aの密度は何g/cm³か。

[          ]

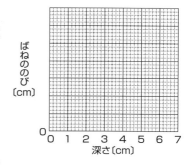

(3) 実験で，物体Aを水中に全て沈めたとき，物体Aにはたらく水圧の向きと大きさを模式的に表したものとして最も適切なものを，次の**ア～オ**から1つ選び，符号で書け。ただし，矢印の向きは水圧のはたらく向きを，矢印の長さは水圧の大きさを表している。

[          ]

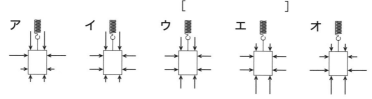

(4) 実験で，深さ$x$が4.0cmのとき，物体Aにはたらく浮力の大きさは何Nか。

[          ]

(5) 次の____の①，②に当てはまる正しい組み合わせを，**ア～エ**から1つ選び，符号で書け。

[          ]

　実験の結果から，物体が水中に沈んだときにはたらく浮力の向きは ① 向きで，その大きさは，物体の水中にある部分の体積が増すほど ② なることがわかった。

**ア** ①下 ②小さく

**イ** ①下 ②大きく

**ウ** ①上 ②小さく

**エ** ①上 ②大きく

# 仕事とエネルギー

## 1 仕事

- **仕事**…物体に力を加え，その力の向きに物体が動いたとき，その力は仕事をしたという。仕事の単位は**J**（ジュール）。

> 仕事〔**J**〕＝物体に加えた力の大きさ〔**N**〕
> ×物体が力の向きに移動した距離〔**m**〕

**ミス注意** 手に荷物を持ったまま横に移動した場合は，力の向きには移動していないので，仕事は0になる。

- **仕事の原理**…道具を使って仕事をしても，道具を使わないで仕事をしても，仕事の大きさは変わらない。

仕事
物体を引く力の大きさ
20N
＝
重力20N
物体
20N
2m
仕事
=20〔N〕×2〔m〕
=40〔J〕

仕事が0の場合
仕事：0

**よくでる** 仕事の原理

（例）2Nのおもりを0.1mの高さまで持ち上げる。

| | 加える力 | 引く距離 | 仕事 |
|---|---|---|---|
| 直接持ち上げる | 2N | 0.1m | 0.2J |
| 定滑車を使う | 2N | 0.1m | 0.2J |
| 動滑車を使う | 1N（$\frac{1}{2}$倍） | 0.2m（2倍） | 0.2J |
| 斜面を使う | 0.5N（小さくなる） | 0.4m（大きくなる） | 0.2J |

仕事の大きさは同じ

- **仕事率**… 1秒間にする仕事の大きさ。仕事率の単位は**W**（ワット）。

> 仕事率〔**W**〕＝ $\dfrac{\text{仕事〔J〕}}{\text{仕事にかかった時間〔s〕}}$

## 2 力学的エネルギー

- **位置エネルギー**…高いところにある物体がもつエネルギー。物体の位置が高いほど，質量が大きいほど位置エネルギーは大きい。

- **運動エネルギー**…運動している物体がもつエネルギー。物体の速さが大きいほど，質量が大きいほど，運動エネルギーは大きい。

- **力学的エネルギー**…位置エネルギーと運動エネルギーの和。位置エネルギーと運動エネルギーは移り変わる。

- **力学的エネルギーの保存（力学的エネルギー保存の法則）**…摩擦や空気抵抗がないとき，力学的エネルギーは一定に保たれる。

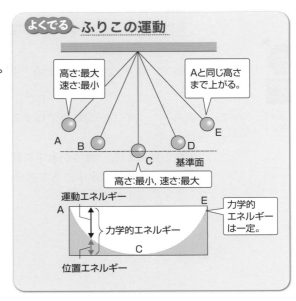

**よくでる** ふりこの運動

高さ：最大
速さ：最小

Aと同じ高さまで上がる。

A B C D E
基準面

高さ：最小，速さ：最大

運動エネルギー
力学的エネルギー
位置エネルギー

力学的エネルギーは一定。

**1** Ｋさんは家に帰るため，質量5.0kgのバッグに力を加え，70cm真上にゆっくりと持ち上げた。ただし，質量100gの物体にはたらく重力の大きさを１Nとする。〈鹿児島県〉　➡P.16 **1**

（1）　バッグの重さは何Nか。　　　　　　　　　　　　　　[　　　　　　　　　　　]

（2）　バッグを持ち上げるためにＫさんがした仕事は何Jか。　[　　　　　　　　　　　]

> **ヒント** 仕事〔J〕＝物体に加えた力の大きさ〔N〕×物体が力の向きに移動した距離〔m〕

**2** 図１のように質量1.5kgの台車Ｘをとりつけた滑車Ａに糸の一端を結び，もう一端を手でゆっくり引いて，ₐ台車Ｘを，5.0cm/sの一定の速さで，36cm真上に引き上げた。次に図２のように，なめらかな斜面上の固定したくぎに糸の一端を結び，滑車Ａ，Ｂに通した糸のもう一端を手でゆっくり引いて，ᵦ台車Ｘを，斜面に沿って，もとの位置から36cm高くなるまで引き上げた。ただし，摩擦や台車Ｘ以外の道具の質量，糸の伸び縮みは考えないものとし，質量100gの物体にはたらく重力の大きさを１Nとする。〈愛媛県〉　➡P.16 **1**

図１
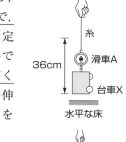
糸
滑車Ａ
36cm
台車Ｘ
水平な床

（1）　下線部 a のとき，台車Ｘを引き上げるのにかかった時間は何秒か。　　　[　　　　　　　　　　　]

（2）　下線部 b のとき，手が糸を引く力の大きさを，ばねばかりを用いて調べると4.5Nであった。台車Ｘが斜面に沿って移動した距離は何cmか。

[　　　　　　　　　　　]

図２
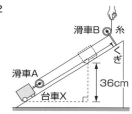
滑車Ｂ　糸
くぎ
滑車Ａ
36cm
台車Ｘ
水平な床
滑車Ａの両側にかかる糸は斜面に平行である。また，斜面は固定されている。

> **ヒント** 道具を使っても使わなくても，仕事の大きさは変わらない。

**3** 図１のように，カーテンレールを用いた装置を作製し，点Ａで，小球を静かに離したところ，小球はレールから離れることなく点Ｂ，点Ｃ，点Ｄ，点Ｅ，点Ｆの順に通過した。点Ｂから各点までの高さを測ると，点Ａの高さは点Ｄの高さの２倍であった。また，点Ｃ，点Ｅの高さはどちらも，点Ｄの高さの半分であった。ただし，小球が受ける摩擦や空気抵抗は考えないものとする。〈長崎県〉　➡P.16 **2**

図１
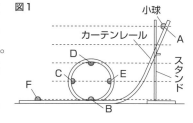
小球
カーテンレール
Ｄ
Ａ
スタンド
Ｃ　　Ｅ
Ｆ
Ｂ

（1）　小球が区間ＢＣＤＥを運動している間に，速さが最も大きいのは小球がどの位置にあるときか。点Ｂ，点Ｃ，点Ｄ，点Ｅの中から１つ選んで，その記号を答えよ。　　　　　[　　　　　　　　　　　]

（2）　点Ｂを高さの基準として，点Ａで小球がもつ位置エネルギーの大きさを a とする。小球が区間ＣＤＥを運動するときの，点Ｃから測った水平方向の距離と小球の位置エネルギーの大きさの関係が図２の破線のようになるとき，点Ｃから測った水平方向の距離と小球の運動エネルギーの大きさの関係を表すグラフを，図２に実線でかき入れよ。

図２
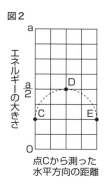
エネルギーの大きさ
a
$\frac{a}{2}$
D
C　　　　E
0
点Ｃから測った
水平方向の距離

**4** 力学的エネルギーについて調べるために，次の実験を順に行った。これについて，あとの問いに答えなさい。ただし，摩擦や空気抵抗は考えないものとする。〈栃木県〉　➡P.16 **2**

〔実験〕　①**図1**のように，のび縮みしない糸の一方を天井の点Oに固定し，他方におもりをつけた。糸がたるまないようにしておもりを点Pの位置まで持ち上げ，静かにおもりを離した。おもりは最下点Qを通過し，点Pと同じ高さの点Rの位置で一瞬止まり，その後は，PR間で往復をくり返した。**図2**は，点Pから点Rに達するまでの，おもりのもつ位置エネルギーと点Pからの水平方向の距離との関係を示したものである。

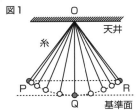

図1

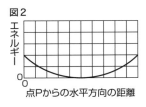

図2

②実験①で使ったおもりを，大きさが同じで質量の大きいものにかえて，実験①と同様におもりを点Pの位置で静かに離した。ただし，糸の長さは実験①と同じとする。

(1) 実験①の点Rで，おもりにはたらいている力のようすを表したものとして最も適切なものを右の**ア**〜**エ**から1つ選べ。

[　　　　　　]

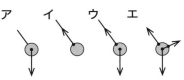

(2) 実験①の下線部で，発光間隔が0.01秒のストロボ装置を用いて，最下点Q付近の写真を撮影した。**図3**はその写真の模式図である。このとき，おもりの平均の速さは何m/sか。ただし，**図3**で示された範囲では，おもりは直線運動をしているものとする。　　　　　[　　　　　　]

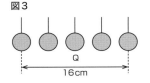

図3

Q

16cm

(3) 実験①の点Pから点Rに達するまでの，おもりのもつ運動エネルギーと点Pからの水平方向の距離との関係を表すグラフを，**図2**にかき加えたものとして最も適切なものは次のどれか。次の**ア**〜**エ**から1つ選べ。　　　　[　　　　　　]

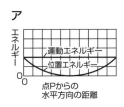
**ア**

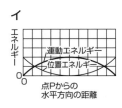
**イ**

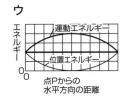
**ウ**

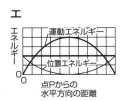
**エ**

ヒント　位置エネルギーと運動エネルギーはたがいに移り変わる。

(4) 実験②で，おもりが1往復する時間と，最下点Qでの運動エネルギーは，実験①と比べてどうなるか。それぞれについて，正しいことを述べているものの組み合わせを右の**ア**〜**エ**から1つ選べ。

[　　　　　　]

| | おもりが1往復する時間 | 最下点Qでの運動エネルギー |
|---|---|---|
| **ア** | 変わらない。 | 大きくなる。 |
| **イ** | 変わらない。 | 変わらない。 |
| **ウ** | 短くなる。 | 大きくなる。 |
| **エ** | 短くなる。 | 変わらない。 |

**5** 物体を用いて実験を行った。次の問いに答えなさい。ただし，100gの物体にはたらく重力の大きさを１Nとし，空気の抵抗は考えないものとする。〈岐阜県〉 →P.16 **1** **2**

〔実験〕

　図１のように，水平面と点Aでなめらかにつながった斜面Xがある。水平面の点Aから点B（AB間は40.0cm）までは，物体に摩擦力がはたらく面である。質量250gの物体を，斜面X上のいろいろな高さから滑らせ，点Aを通過後，静止するまでに，

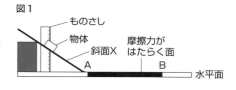
図1

AB間を移動した距離を調べた。表は，その結果をまとめたものである。ただし，斜面Xでは物体に摩擦力ははたらかないものとする。

| 物体の高さ〔cm〕 | 4.0 | 8.0 | 12.0 | 16.0 | 20.0 |
|---|---|---|---|---|---|
| AB間を移動した距離〔cm〕 | 7.2 | 14.4 | 21.6 | 28.8 | 36.0 |

正答率90%
(1)　実験で使用した物体にはたらく重力の大きさは何Nか。

[　　　　　　　]

正答率8%
(2)　実験で，物体を8.0cmの高さから滑らせたとき，滑り始めてから静止するまでに，物体にはたらく垂直抗力が物体にした仕事は何Jか。

[　　　　　　　]

正答率29%
(3)　実験で使用した物体を，水平面から16.0cmの高さまで，手でゆっくり持ち上げたところ，２秒かかった。このとき，手が物体にした仕事率は何Wか。

**ヒント** 仕事率〔W〕＝$\dfrac{仕事〔J〕}{仕事にかかった時間〔s〕}$

[　　　　　　　]

正答率68%
(4)　実験で，物体を15.0cmの高さから滑らせたとき，AB間を移動した距離は何cmか。

[　　　　　　　]

正答率87%
正答率64%
(5)　実験で，物体をある高さから滑らせて静止するまでの運動エネルギーについて，次の　　　　の①，②にあてはまるものを，**ア**～**ウ**からそれぞれ１つずつ選び，符号で書け。

①[　　　　　] ②[　　　　　]

・物体を滑らせてから，点Aまでは，物体の運動エネルギーは　①　。
・点Aから静止するまでは，物体の運動エネルギーは　②　。

**ア**　大きくなる　　　**イ**　変化しない　　　**ウ**　小さくなる

思考力

正答率18%
(6)　図２のように，AB間の中点Cで摩擦力がはたらかない斜面Yをなめらかにつなげ，同様の実験を行った。物体を斜面X上の18.0cmの高さから滑らせたとき，点A，点Cを通過後，物体は斜面Yを何cmの高さまで上がるか。**ア**～**エ**から最も適切なものを１つ選び，符号で書け。

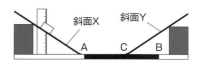
図2

[　　　　　　　]

**ア**　6.9cm　　　**イ**　12.4cm
**ウ**　18.0cm　　　**エ**　32.4cm

# 物体の運動

出題率 **38.9%**

## 1 物体の運動

- **速さ**…物体が一定時間に移動した距離で表される。

  単位は**m/s**(メートル毎秒)。他に**km/h, cm/s**などもある。

  $$速さ〔m/s〕=\frac{移動距離〔m〕}{かかった時間〔s〕}$$

**よくでる 斜面を下る物体の運動を調べる実験**

**方法** ①台車にテープをつけ,台車が斜面を下る運動を,1秒間に50打点する記録タイマーで記録する。
②斜面の傾き(角度)を変えて,①と同じように台車の運動を記録する。

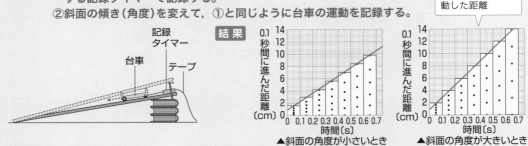

5打点ごとに切りとったテープの長さ=0.1秒間に移動した距離

▲斜面の角度が小さいとき　　▲斜面の角度が大きいとき

**考察** 斜面の傾き(角度)が大きいほど,斜面にそってはたらく力の大きさが大きくなり,速さのふえ方も大きくなる。

## 2 速さが変わる運動

- **斜面を下る運動**…物体の運動の向きに力がはたらき続けるため,速さは一定の割合で速くなる。

- **斜面を上る運動**…物体の運動の向きと逆向きに力がはたらき続けるため,速さは一定の割合でおそくなる。

- **自由落下**…静止していた物体が重力を受けて,鉛直下向きに落下する運動。速さは,物体の質量によらず一定の割合で速くなる。

## 3 速さが変わらない運動

- **等速直線運動**…一定の速さで一直線上を進む運動。**移動距離は時間に比例する。**等速直線運動をしている物体には,運動の向きに力がはたらいていない。

- **慣性の法則**…物体に力がはたらいていない(またはつり合っている)とき,静止している物体は静止し続け,運動している物体はその速さで**等速直線運動**を続ける。このことを慣性の法則といい,物体のもつこの性質を**慣性**という。

## 4 作用・反作用

- 物体に力を加えると,その物体から向きが反対で同じ大きさの力を受ける。このとき,加えた力を**作用**,受けた力を**反作用**という。

 **ミス注意** 作用,反作用の力…2つの物体にはたらく。
つり合う2力…1つの物体にはたらく。

**1** 一郎と先生が水平でなめらかな床の上にあるそれぞれの台車に乗っている。2人が乗った台車を静止させてから、一郎が先生の乗った台車を後ろから前方に押した。図の矢印は一郎が先生の台車を押す力を表している。一郎が先生の台車から受ける力を図に矢印で表しなさい。〈茨城県〉 **➡P.20 4**

**2** 物体の運動のようすを調べるために、次の実験1、2、3を順に行った。このことについて、次の問いに答えなさい。ただし、糸はのび縮みせず、糸とテープの質量や空気の抵抗はないものとし、糸と滑車の間およびテープとタイマーの間の摩擦は考えないものとする。〈栃木県〉 **➡P.20 1〜3**

〈実験1〉 **図1**のように、水平な台の上で台車におもりをつけた糸をつけ、その糸を滑車にかけた。台車を支えていた手を静かに離すと、おもりが台車を引きはじめ、台車はまっすぐ進んだ。1秒間に50打点する記録タイマーで手を離してからの台車の運動をテープに記録した。**図2**は、テープを5打点ごとに切り、経過時間順にAからGとし、紙にはりつけたものである。台車と台の間の摩擦は考えないものとする。

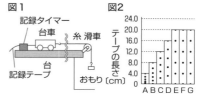

〈実験2〉 台車を同じ質量の木片に変え、木片と台の間の摩擦がはたらくようにした。おもりが木片を引いて動き出すことを確かめてから、実験1と同様の実験を行った。

〈実験3〉 木片を台車にもどし、**図3**のように、水平面から30°台を傾け、実験1と同様の実験を行った。台車と台の間の摩擦は考えないものとする。

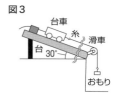

(1) 実験1で、テープAにおける台車の平均の速さは何cm/sか。

[　　　　　　　]

(2) 実験1で、テープE以降の運動では、テープの長さが等しい。この運動を何というか。

[　　　　　　　]

(3) 実験1、2について、台車および木片のそれぞれの速さと時間の関係を表すグラフとして、最も適切なものはどれか。

[　　　　　　　]

(4) おもりが落下している間、台車の速さが変化する割合は、実験1よりも実験3のほうが大きくなる。その理由として最も適切なものはどれか。 [　　　　　　　]

**ア** 糸が台車を引く力が徐々に大きくなるから。

**イ** 台車にはたらく垂直抗力の大きさが大きくなるから。

**ウ** 台車にはたらく重力の大きさが大きくなるから。

**エ** 台車にはたらく重力のうち、斜面に平行な分力がはたらくから。

# 電流と磁界

## 1 電流と磁界

- **磁界**…磁力（磁石の力）のはたらいている空間。方位磁針の**N極がさす向き**が磁界の向き。

- **導線のまわりの磁界**…右ねじが進む向きに電流を流すと，右ねじを回す向きに同心円状の磁界ができる（右ねじの法則）。

- **コイルのまわりの磁界**…右手の親指以外の4本の指を，コイルに流れる電流の向きに合わせたとき，親指の向きがコイルの内側の磁界の向きになる。

- **磁界の強さ**…電流が大きいほどできる磁界は強い。また，コイルの巻数が多いほどできる磁界は強い。

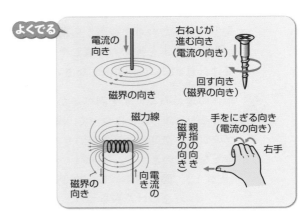

よくでる

## 2 モーター

- **モーター**…電流が磁界から受ける力を利用し，連続して回転するようにした装置。**整流子**と**ブラシ**のはたらきによって半回転ごとに流れる電流が切りかわることで，コイルは同じ向きに回転することができる。

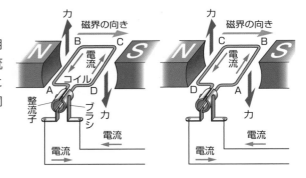

## 3 電磁誘導

- **電磁誘導**…コイル内の**磁界が変化する**ことによって電圧が生じて**コイルに電流が流れる**現象。このとき流れる電流を**誘導電流**という。発電機に応用されている。

- **誘導電流の向き**…コイルにN極を近づけたときとS極を近づけたときでは誘導電流の向きが逆になる。また，コイルにN極（S極）を近づけたときと遠ざけたときでは誘導電流の向きが逆になる。

- **誘導電流の大きさ**…**コイルの巻数を多くする**ほど，**磁石の磁力が強い**ほど，**棒磁石を速く動かす**ほど大きな電流が流れる。

## 4 直流と交流

- **直流**…電流の向きが**一定**である電流。
- **交流**…電流の向きと大きさが**周期的に変化**する電流。

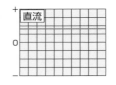

**1** 右の図のように，固定したコイルに検流計をつなぎ，コイルの上方から棒磁石のN極を近づけると，検流計の針がふれた。検流計の針が，図でふれた向きと逆向きにふれる操作として最も適当なものは，次のどれか。ただし，検流計の針はかかれていない。〈長崎県〉 ➡P.22 **3**

棒磁石を
近づける↓

コイル
を固定

検流計

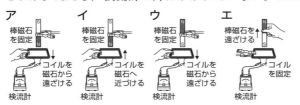

ア
棒磁石
を固定

コイルを
磁石から
遠ざける

検流計

イ
棒磁石
を固定

コイルを
磁石へ
近づける

検流計

ウ
棒磁石
を固定

コイルを
磁石から
遠ざける

検流計

エ
棒磁石を
遠ざける

コイル
を固定

検流計

[　　　　　　]

**2** 電流が磁界の中で受ける力を調べるために，コイルとU字形磁石，電源装置，スイッチ，抵抗器，電流計，電圧計を用いて，図1のような装置をつくり，次の実験1，2を行った。このことについて，あとの問いに答えなさい。〈高知県〉 ➡P.22 **1 2**

〔実験1〕 スイッチを入れ電圧が5.0Vとなるように電源装置を調節すると，電流計は0.5Aを示した。コイルに電流が流れ，コイルは磁界から大きさ$F_1$の力を受け，図1中の矢印の向きに動いた。

〔実験2〕 実験1の装置で使った抵抗器と同じ抵抗の大きさのものをもう1個用意し，図2のように直列につないだ。スイッチを入れ，電圧が5.0Vとなるように電源装置を調節すると，コイルは磁界から大きさ$F_2$の力を受けた。次に，直列につないだ抵抗器を並列につなぎ直し，同様に電圧を5.0Vとすると，コイルは磁界から大きさ$F_3$の力を受けた。

図1

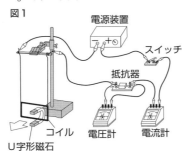

電源装置

スイッチ

抵抗器

コイル　電圧計　電流計
U字形磁石

図2

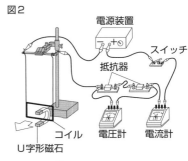

電源装置

スイッチ

抵抗器

コイル　電圧計　電流計
U字形磁石

正答率
**72%**

(1) 実験1で使った抵抗器の抵抗の大きさは何Ωか。 [　　　　　　]

よく
でる

正答率
**89%**

(2) 実験1でコイルが動いた向きと反対の向きにコイルを動かすためには，どのようにすればよいか。次の**ア**〜**エ**から1つ選べ。 [　　　　　　]

**ア** U字形磁石のN極，S極をひっくり返し，磁界の向きを変える。

**イ** 電源装置の電圧調整つまみを調節し，電圧の大きさを変える。

**ウ** コイルの巻数をふやし，磁力の大きさを変える。

**エ** 抵抗器の個数をふやし，電流の大きさを変える。

(3) 実験1・2の結果から，コイルが磁界から受けた力の大きさ$F_1$，$F_2$，$F_3$を比較したときの大小関係を正しく表したものはどれか。次の**ア**〜**エ**から1つ選べ。

**ア** $F_2>F_3>F_1$ 　　　**イ** $F_2>F_1>F_3$ 　　　　[　　　　　　]

**ウ** $F_3>F_2>F_1$ 　　　**エ** $F_3>F_1>F_2$

# 物質の性質

## 1 いろいろな物質とその性質

- **有機物**…炭素を含む物質。砂糖やデンプンなど。

  **ミス注意** 炭素や二酸化炭素は，炭素を含むが無機物である。

- **無機物**…有機物以外の物質。食塩や水など。

- **金属**…鉄，アルミニウム，銅などの物質。

  ・金属光沢がある。　・熱をよく伝える。　・電気をよく通す。

  ・**展性**（たたくと，のびてうすく広がる性質）や**延性**（引っ張ると細くのびる性質）がある。

- **密度**…物質 $1\,cm^3$ あたりの質量。

$$物質の密度〔g/cm^3〕 = \frac{物質の質量〔g〕}{物質の体積〔cm^3〕}$$

## 2 気体の性質と集め方

- **気体の集め方**…気体の集め方は，気体の水へのとけやすさ，空気と比べた密度で決まる。

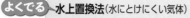

**よくでる** **水上置換法**（水にとけにくい気体）　**上方置換法**（水にとけ，空気より密度が小さい気体）　**下方置換法**（水にとけ，空気より密度が大きい気体）

気体（水と置きかわる）　水　酸素・水素・二酸化炭素など

気体（上から集まる）　空気　気体　アンモニアなど

気体　空気　気体（下から集まる）　塩素・二酸化炭素など

- **気体の性質**

| | 酸素 | 二酸化炭素 | 水素 | アンモニア | 窒素 |
|---|---|---|---|---|---|
| 色 | 無色 | 無色 | 無色 | 無色 | 無色 |
| におい | なし | なし | なし | 刺激臭 | なし |
| 空気を1としたときの重さ | 大きい (1.11) | 大きい (1.53) | 小さい (0.07) | 小さい (0.60) | 小さい (0.97) |
| 水に対するとけ方 | ほとんどとけない。 | 少しとける。(酸性) | ほとんどとけない。 | きわめてよくとける。(アルカリ性) | ほとんどとけない。 |
| その他の性質 | 物質を燃やす。体積の割合で空気の約21%をしめる。 | 石灰水を白くにごらせる。 | 燃える(酸素と結びつく)と，水ができる。 | 水でしめらせた赤色リトマス紙を近づけると，青色に変わる。 | 体積の割合で空気の約78%をしめる。 |

## 3 実験器具の使い方

- **ガスバーナー**

- **メスシリンダー**

●火のつけ方

1. 空気調節ねじ／閉まっているか確認する。／ガス調節ねじ

2. 開ける。／元せん

3. ガス調節ねじを少しずつ開ける。／下から近づける。

●炎の調節

ガス調節ねじを押さえて，空気調節ねじを開ける。／青い炎にする

●火の消し方

1. 空気調節ねじを閉める。

2. ガス調節ねじを閉める。

3. 元せんを閉める。

・液面の最低部を真横から読む。

・1目盛りの $\frac{1}{10}$ まで読む。

- **ろ過**…ろ紙を使って，液体と固体を分離する操作。

# 入試問題で実力チェック！

**1** 次の**ア〜オ**は，ガスバーナーに火をつける際の操作である。**ア〜オ**を正しい順番に並べ，記号で書け。〈大分県〉　➡**P.24 3**

[　　　　　　　　　　　　　　　　　　　]

**ア**　ガスの元せんを開き，コックを開ける。

**イ**　ガス調節ねじをおさえ，空気調節ねじを少しずつ開いて青い炎にする。

**ウ**　マッチに火をつけ，ガス調節ねじを少しずつ開いて点火する。

**エ**　ガス調節ねじと空気調節ねじが閉まっていることを確認する。

**オ**　ガス調節ねじを回して，炎の大きさを調節する。

**2** ガスバーナーに点火すると，はじめは空気の量が不足していたため，炎が赤色（オレンジ色）であった。ガスの量を変えずに，空気の量をふやして青色の炎にするには，図のねじAとねじBをどのように操作すればよいか。その方法を説明した文として最も適当なものを，次の**ア〜エ**から1つ選べ。〈愛知県〉　➡**P.24 3**　　[　　　　　　　　]

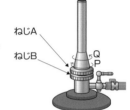

**ア**　ねじAを動かさないで，ねじBをPの向きに回して調整する。

**イ**　ねじAを動かさないで，ねじBをQの向きに回して調整する。

**ウ**　ねじBを動かさないで，ねじAをPの向きに回して調整する。

**エ**　ねじBを動かさないで，ねじAをQの向きに回して調整する。

**3**  Kさんが持ち帰った海水には砂が混じっていた。そこで，図のような方法で砂をとりのぞいた。この方法を何というか。〈鹿児島県〉
➡**P.24 3**

[　　　　　　　　　　　　　　　　　　　]

砂の混じった海水

**4** 質量29gの石灰岩の小片を，糸で結び，水40.0cm³の入ったメスシリンダーに図のように沈めたところ，メスシリンダーの目盛りは拡大図のようになった。石灰岩の密度は何g/cm³か。〈茨城県〉　➡**P.24 1 3**

[　　　　　　　　　　　　　　　　　]

目盛りの拡大図

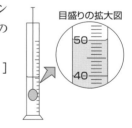

**ヒント** 物質の密度〔g/cm³〕= $\dfrac{物質の質量〔g〕}{物質の体積〔cm^3〕}$

**5** 発生した気体が酸素なのか二酸化炭素なのかを確かめたい。次の**ア〜エ**で，酸素と二酸化炭素を容易に区別することができるものはどれか。2つ選べ。〈山梨県〉　➡**P.24 2**

[　　　　　　　　　　　　　　　　　　　]

**ア**　石灰水

**イ**　BTB溶液

**ウ**　フェノールフタレイン溶液

**エ**　ベネジクト液

**6** 下の**ア**〜**ウ**の図は，発生させた気体の集め方を示したものである。アンモニアの集め方として，最も適しているものを1つ選び，その記号と集め方の名称を書け。また，その集め方をするのは，アンモニアがどのような性質をもつからか。その性質を2つ書け。〈香川県〉

→P.24 **2**

記号 [　　　　　　　　]

集め方 [　　　　　　　　]

性質 [　　　　　　　　]

[　　　　　　　　]

ア　イ　ウ

気体

水

気体　気体

よく
でる

**7** 有機物に分類される物質として適切なものを，次の**ア**〜**エ**の中からすべて選んで，その記号を書け。〈和歌山県〉 →P.24 **1**

[　　　　　　　　]

**ア** 酸素 　**イ** タンパク質 　**ウ** デンプン 　**エ** 水

**ヒント** 炭素を含む物質を有機物，有機物以外の物質を無機物という。

**8** 種類の異なるプラスチック片A，B，C，Dを準備し，次の実験①，②，③を順に行った。

① プラスチックの種類とその密度を調べ，**表1**にまとめた。

② プラスチック片A，B，C，Dは，**表1**のいずれかであり，それぞれの質量を測定した。

③ 水を入れたメスシリンダーにプラスチック片を入れ，目盛りを読みとることで体積を測定した。このうち，プラスチック片C，Dは水に浮いてしまうため，体積を測定することができなかった。なお，水の密度は1.0g/cm³である。

**表1**

|  | 密度〔g/cm³〕 |
|---|---|
| ポリエチレン | 0.94〜0.97 |
| ポリ塩化ビニル | 1.20〜1.60 |
| ポリスチレン | 1.05〜1.07 |
| ポリプロピレン | 0.90〜0.91 |

このことについて，次の(1)，(2)，(3)の問いに答えなさい。〈栃木県〉 →P.24 **1**

正答率
67%

(1) 実験②，③の結果，プラスチック片Aの質量は4.3g，体積2.8cm³であった。プラスチック片Aの密度は何g/cm³か。小数第2位を四捨五入して小数第1位まで書け。

[　　　　　　　　]

正答率
39%

(2) プラスチック片Bと同じ種類でできているが，体積や質量が異なるプラスチックをそれぞれ水に沈めた。このときに起こる現象を，正しく述べたものはどれか。

[　　　　　　　　]

**ア** 体積が大きいものは，密度が小さくなるため，水に浮かんでくる。

**イ** 体積が小さいものは，質量が小さくなるため，水に浮かんでくる。

**ウ** 質量が小さいものは，密度が小さくなるため，水に浮かんでくる。

**エ** 体積や質量にかかわらず，沈んだままである。

思考力

正答率
54%

正答率
43%

(3) 実験③で用いた水の代わりに，**表2**のいずれかの液体を用いることで，体積を測定することなくプラスチック片C，Dを区別することができる。その液体として，最も適切なものはどれか。また，どのような実験結果になるか。**表1**のプラスチック名を用いて，それぞれ簡単に書け。

**表2**

|  | 液体 | 密度〔g/cm³〕 |
|---|---|---|
| **ア** | エタノール | 0.79 |
| **イ** | なたね油 | 0.92 |
| **ウ** | 10%エタノール溶液 | 0.98 |
| **エ** | 食塩水 | 1.20 |

液体 [　　　　　　　　]

実験結果 [　　　　　　　　]

**ヒント** 液体より密度が小さい物質は浮き，密度が大きい物質は沈む。

**9** 酸素を試験管に集めるにはどのようにすればよいか。気体の集め方について述べた文で正しいものを，次のア〜オから1つ選べ。〈愛知県〉　→P.24 2　　　　　　　　　[　　　　　　]

ア　酸素は空気より密度が大きいので上方置換法で集める。
イ　酸素は空気より密度が小さいので上方置換法で集める。
ウ　酸素は空気より密度が大きいので下方置換法で集める。
エ　酸素は空気より密度が小さいので下方置換法で集める。
オ　酸素はあまり水にとけないので水上置換法で集める。

**10** 右の図のように，石灰石にうすい塩酸を加えて発生する気体を，ペットボトルに半分程度集め，水を入れたまません をした。このような気体の集め方を何というか。次のア〜ウから1つ選べ。〈滋賀県〉　→P.24 2

[　　　　　　]

ア　上方置換法　　　イ　下方置換法　　　ウ　水上置換法

**11** 表は，酸素，二酸化炭素，ある気体Aの性質を表したものである。あとの問いに答えなさい。〈長崎県〉　→P.24 2

| 気体の種類 | 空気と比べた密度 | 水へのとけやすさ | その他の性質 |
|---|---|---|---|
| 酸素($O_2$) | 少し大きい | とけにくい | あ |
| 二酸化炭素($CO_2$) | 大きい | 少しとける | 石灰水を白くにごらせる |
| 気体A | 小さい | 非常にとけやすい | 緑色のBTB溶液を青色に変える |

(1)　表中の　あ　にあてはまる性質として最も適当なものは，次のどれか。

[　　　　　　]

ア　水でしめらせた青色のリトマス紙を赤色に変える。
イ　水でしめらせた赤色のリトマス紙を青色に変える。
ウ　火のついた線香を激しく燃やす。
エ　火のついた線香の火が消える。

(2)　気体を発生させる操作を示した次のa〜dのうち，二酸化炭素が発生するものをすべて選び，記号で答えよ。　　　　　　　　　[　　　　　　]
　　a　二酸化マンガンにオキシドールを加える。
　　b　亜鉛にうすい塩酸を加える。
　　c　水またはお湯の中に発泡入浴剤を入れる。
　　d　酸化銅と炭素粉末(活性炭)の混合物を加熱する。

(3)　気体Aは，塩化アンモニウムに水酸化ナトリウムを加えて水を注ぐと発生する。また，塩化アンモニウムと水酸化カルシウムの混合物を加熱しても，気体Aは発生する。この気体Aを化学式で答えよ。　　　　　　　　　[　　　　　　]

(4)　気体Aの最も適当な集め方の名称を答えよ。　　　[　　　　　　]

ヒント　気体Aは水にとけやすく，空気より密度が小さい。

# いろいろな化学変化

## 1 酸化・還元と燃焼

- **酸化**…物質が酸素と結びつくこと。酸化によってできたものを**酸化物**という。
  （例）銅＋酸素→酸化銅

- **還元**…酸化物から酸素をうばうこと。**酸化と還元は同時に起こる**。

- **燃焼**…熱や光を出す激しい酸化を，特に**燃焼**という。（例）マグネシウム＋酸素→酸化マグネシウム

## 2 化学変化と熱

- **発熱反応**…化学変化によって**熱が発生**して，まわりの**温度が上がる**反応。鉄の酸化（化学かいろ）など。

- **吸熱反応**…化学変化によって周囲の**熱がうばわれて**，まわりの**温度が下がる**反応。硝酸アンモニウムと水の反応（瞬間冷却パック）など。

## 3 質量保存の法則

- **質量保存の法則**…化学変化の前後で，物質全体の**質量は変わらない**。

  ・化学変化の前後で，**原子の組み合わせは変わる**が，**原子の種類と数は変わらない**。

**よくでる** 炭酸水素ナトリウムと塩酸の反応

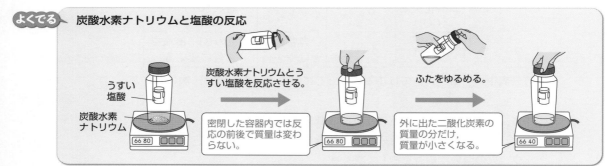

うすい塩酸
炭酸水素ナトリウム

炭酸水素ナトリウムとうすい塩酸を反応させる。

密閉した容器内では反応の前後で質量は変わらない。

ふたをゆるめる。

外に出た二酸化炭素の質量の分だけ，質量が小さくなる。

## 4 化学変化と物質の質量の比

- 化学変化に関係する物質の質量の割合は，いつも**一定**である。

**よくでる** 金属を加熱したときの質量について調べる

マグネシウム 1.2g と結びついた酸素の質量は，2.0 − 1.2 ＝ 0.8 〔g〕

**結果**

| | | | | |
|---|---|---|---|---|
| 銅の質量〔g〕 | 0.2 | 0.4 | 0.6 | 0.8 |
| 酸化銅の質量〔g〕 | 0.25 | 0.5 | 0.75 | 1.0 |
| マグネシウムの質量〔g〕 | 0.2 | 0.4 | 0.6 | 0.8 |
| 酸化マグネシウムの質量〔g〕 | 0.3 | 0.7 | 1.0 | 1.3 |

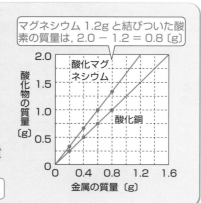

**考察** ・金属と結びつく物質の質量の割合は一定である。
・金属の質量と結びついた酸素の質量やできた酸化物の質量は比例する。

銅：酸素＝4：1　　マグネシウム：酸素＝3：2

**1** 図のような装置を用いて，酸化銅と炭素の粉末との混合物を試験管に入れて加熱したところ，気体が発生し，銅が生じた。また，発生した気体は石灰水を白くにごらせた。次の問いに答えなさい。〈沖縄県〉 →P.28 **1**

酸化銅と炭素の混合物

石灰水

(1) 発生した気体は何か。化学式で書け。

［　　　　　　　　　　］

(2) この実験で発生した気体と同じ気体を発生させるには，どのような方法があるか。次の**ア〜オ**から2つ選べ。　　［　　　　　　　　　　］

**ア** 炭酸水素ナトリウムを加熱する。　　**イ** 水を電気分解する。
**ウ** 塩化銅水溶液を電気分解する。　　**エ** 石灰石にうすい塩酸を加える。
**オ** 亜鉛にうすい塩酸を加える。

(3) 酸化銅と炭素に起きた化学変化について正しいものを，次の**ア〜エ**から1つ選べ。

［　　　　　　　　　　］

**ア** 酸化銅は酸化され，炭素は還元された。
**イ** 酸化銅は酸化され，炭素も酸化された。
**ウ** 酸化銅は還元され，炭素は酸化された。
**エ** 酸化銅は還元され，炭素も還元された。

**ヒント** 酸化は物質が酸素と結びつく反応。還元は酸化物から酸素をうばう反応。

(4) この反応を原子のモデルで表したとき，正しいものを，次の**ア〜エ**から1つ選べ。ただし●は銅，○は酸素，●は炭素とする。　　［　　　　　　　　　　］

**ア** ●○ + ● → ● + ○○　　**イ** ●○ + ● → ●● + ○
**ウ** ●○／●○ + ● → ●／● + ○●○　　**エ** ○●○ + ● → ● + ●○○

**2** 次の文は化学変化の前後で，物質全体の質量が変わらない理由について説明したものである。文中の（　X　），（　Y　），（　Z　）に入る最も適当なものを，下の**ア〜エ**からそれぞれ1つずつ選べ。〈三重県〉 →P.28 **3**

X［　　　　　　　］ Y［　　　　　　　］ Z［　　　　　　　］

　化学変化の前後で，物質をつくる原子の（　X　）は変わっても，その化学変化に関係している原子の（　Y　）と（　Z　）は変わらないから。

**ア** 種類　　**イ** 数　　**ウ** 分子　　**エ** 組み合わせ

**3** 酸化銅と炭素の粉末との混合物を試験管に入れて加熱したところ，気体が発生し，銅が生じた。くわしい実験によると，酸化銅0.5gからは銅が0.4gできた。酸化銅を1.5gにした場合，銅は何gできると考えられるか。〈佐賀県〉 →P.28 **1 4**

［　　　　　　　　　　］

**4** 次の実験1，2を行った。(1)～(6)の問いに答えなさい。〈岐阜県〉 **➡P.28 1 3 4**

〔実験1〕 図1のように，プラスチックの容器に，炭酸水素ナトリウム1.50gとうすい塩酸5.0cm³を入れた試験管を入れ，ふたをしっかり閉めて容器全体の質量をはかった。次に，容器を傾けて，炭酸水素ナトリウムとうすい塩酸を混ぜ合わせると，気体が発生した。気体が発生しなくなってから，容器全体の質量をはかると，混ぜ合わせる前と変わらなかった。

図1

〔実験2〕 図2のように，ステンレス皿に銅の粉末0.60gを入れ，質量が変化しなくなるまで十分に加熱したところ，黒色の酸化銅が0.75gできた。銅の粉末の質量を，0.80g，1.00g，1.20g，1.40gと変えて同じ実験を行った。表は，その結果をまとめたものである。

図2

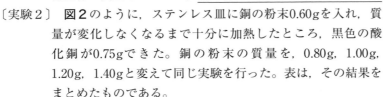

| 銅の粉末の質量〔g〕 | 0.60 | 0.80 | 1.00 | 1.20 | 1.40 |
|---|---|---|---|---|---|
| 酸化銅の質量〔g〕 | 0.75 | 1.00 | 1.25 | 1.50 | 1.75 |

正答率73%

(1) 実験1で，発生した気体は何か。言葉で書け。

[　　　　　　　　]

正答率90%

(2) 実験1の下線部の結果から，化学変化の前と後では，物質全体の質量が変わらないということがわかった。この法則を何というか。言葉で書け。

[　　　　　　　　]

正答率72%

(3) 実験1で，気体が発生しなくなった容器のふたをゆっくり開け，しばらくふたを開けたままにして，もう一度ふたを閉めてから質量をはかると，混ぜ合わせる前の質量と比べてどうなるか。**ア**～**ウ**から1つ選び，符号で書け。　　[　　　　　　　　]

**ア** 増加する。　　　**イ** 変化しない。　　　**ウ** 減少する。

正答率57%

(4) 表をもとに，銅の粉末の質量と結びついた酸素の質量の関係を右にグラフでかけ。なお，グラフの縦軸には適切な数値を書け。

縦軸：結びついた酸素の質量〔g〕
横軸：銅の粉末の質量〔g〕
0 0.2 0.4 0.6 0.8 1.0 1.2 1.4

正答率54%

(5) 実験2で，銅の粉末0.90gを質量が変化しなくなるまで十分に加熱すると，酸化銅は何gできるか。小数第3位を四捨五入して，小数第2位まで書け。

[　　　　　　　　]

正答率81%
正答率67%

(6) 次の　　　の①，②にあてはまるものを，それぞれの語群から1つずつ選び，符号で書け。

①[　　　　　] ②[　　　　　]

酸化銅と ① の粉末を試験管に入れて混ぜ，十分加熱したところ，酸化銅が銅に変化した。このとき，試験管の中でできた銅の質量は，反応前の酸化銅の質量と比べて ② 。

①の語群：**ア** 銅　　　**イ** 炭素　　　**ウ** 炭酸水素ナトリウム

②の語群：**ア** 増加した　　　**イ** 変化しなかった　　　**ウ** 減少した

**5** 次の実験について，(1)～(4)の問いに答えなさい。〈福島県〉 ➡P.28 **1** **4**

ステンレス皿
銅の粉末
マグネシウム
の粉末

実験 Ⅰ 図のように，ステンレス皿に，銅の粉末とマグネシウムの粉末をそれぞれ1.80gはかりとり，うすく広げて別々に3分間加熱した。

Ⅱ 十分に冷ました後に，質量をはかったところ，どちらも加熱する前よりも質量が増加していた。

Ⅲ 再び3分間加熱し，十分に冷ました後に質量をはかった。この操作を数回くり返したところ，どちらも質量が増加しなくなった。このとき，銅の粉末の加熱後の質量は2.25g，マグネシウムの粉末の加熱後の質量は3.00gであった。ただし，加熱後の質量は，加熱した金属の酸化物のみの質量であるものとする。

(1) 加熱によって生じた，銅の酸化物とマグネシウムの酸化物の色の組み合わせとして正しいものを，右の**ア**～**カ**の中から1つ選べ。
[ 　　　 ]

|   | 銅の酸化物 | マグネシウムの酸化物 |
|---|---|---|
| ア | 白色 | 白色 |
| イ | 白色 | 黒色 |
| ウ | 赤色 | 白色 |
| エ | 赤色 | 黒色 |
| オ | 黒色 | 白色 |
| カ | 黒色 | 黒色 |

(2) 下線部について，質量が増加しなくなった理由を，「銅やマグネシウムが」という書き出しに続けて書け。

銅やマグネシウムが
[ 　　　　　　　　　　　　　　　　　　　　　　　　　　 ]

(3) Ⅲについて，同じ質量の酸素と結びつく銅の粉末の質量とマグネシウムの粉末の質量の比はいくらか。最も適切なものを，次の**ア**～**カ**の中から1つ選べ。[ 　　　 ]

**ア** 3：4 　　**イ** 3：8 　　**ウ** 4：3
**エ** 4：5 　　**オ** 5：3 　　**カ** 8：3

(4) 銅の粉末とマグネシウムの粉末の混合物3.00gを，実験のように，質量が増加しなくなるまで加熱した。このとき，混合物の加熱後の質量が4.10gであった。加熱する前の混合物の中に含まれる銅の粉末の質量は何gか，求めよ。ただし，加熱後の質量は，加熱した金属の酸化物のみの質量であるものとする。
[ 　　　 ]

**6** 右の図のように，プラスチック製の密閉容器に石灰石とうすい塩酸を入れ，質量を測定すると$X$〔g〕であった。次に，密閉容器を傾け反応させた後，再び質量を測定すると$Y$〔g〕であった。その後，容器のふたをゆっくりあけ，しばらくしてもう一度ふたをし，質量を測定すると$Z$〔g〕であった。質量$X$，$Y$，$Z$の値の大小関係の説明として最も適当なものは，次のどれか。

うすい
塩酸
石灰石
$X$〔g〕　$Y$〔g〕　$Z$〔g〕

〈長崎県〉 ➡P.28 **3**
[ 　　　 ]

**ア** $X$，$Y$，$Z$はすべて等しい。
**イ** $X$と$Y$は等しいが，$Z$は$X$，$Y$に比べて小さい。
**ウ** $X$と$Z$は等しいが，$Y$は$X$，$Z$に比べて大きい。
**エ** $Y$と$Z$は等しいが，$X$は$Y$，$Z$に比べて小さい。

# 酸・アルカリと電池

## 1 酸・アルカリ

- **酸**…水溶液にしたとき**水素イオンH$^+$**が生じる物質。水溶液は**酸性**を示す（pHの値は**7より小**さい）。
- **アルカリ**…水溶液にしたとき**水酸化物イオンOH$^-$**が生じる物質。水溶液は**アルカリ性**を示す（pHの値は**7より大きい**）。

> よくでる

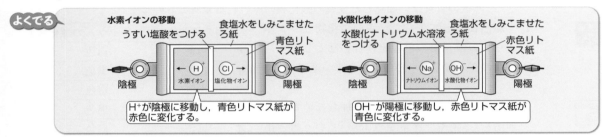

| | リトマス紙 | BTB溶液 | フェノールフタレイン溶液 | マグネシウムリボンとの反応 | 水溶液の例 |
|---|---|---|---|---|---|
| 酸性 | 青色→赤色 | 黄色 | 無色 | 水素が発生 | 塩酸，酢酸，炭酸水 |
| 中性 | 変化なし | 緑色 | 無色 | 変化なし | 食塩水，砂糖水 |
| アルカリ性 | 赤色→青色 | 青色 | 赤色 | 変化なし | 水酸化ナトリウム水溶液，アンモニア水 |

## 2 中和

- **中和**…酸とアルカリの水溶液を混ぜ合わせたとき，水が生じることにより，酸とアルカリがたがいの性質を打ち消し合う反応。
- **塩**…酸の陰イオン＋アルカリの陽イオン　（例）塩化ナトリウム，硫酸バリウムなど。

> よくでる ・**塩酸と水酸化ナトリウムの中和**　うすい塩酸に水酸化ナトリウム水溶液を加えていく

| 酸性 | 酸性 | 中性（H$^+$もOH$^-$もない） | アルカリ性 |
|---|---|---|---|

## 3 金属のイオンへのなりやすさと電池

- **金属のイオンへのなりやすさ**…金属の，水溶液中での陽イオンへのなりやすさには順番がある。　（例）Mg＞Zn＞Cu
- **電池**…化学変化を利用して，物質のもつ**化学エネルギー**を**電気エネルギー**としてとり出す装置。ダニエル電池では，亜鉛原子が電子を2個失って亜鉛イオンになり，銅イオンが電子を2個受けとって銅原子になる。

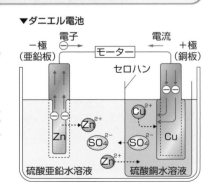

▼ダニエル電池

**1** 食酢を中和することができるものを，次の**ア〜エ**から１つ選べ。〈栃木県〉 ➡**P.32** **2**

[          ]

**ア** 食塩　　**イ** 重そう　　**ウ** レモン汁　　**エ** 砂糖

正答率
75%

**2** BTB溶液を加えると青色になる性質をもつ水溶液に共通してみられる性質として適切なのは，次の**ア〜エ**のうちどれか。〈東京都〉 ➡**P.32** **1**

[          ]

**ア** 赤色のリトマス試験紙を青色に変え，二酸化炭素をふきこむと白くにごる。

**イ** 赤色のリトマス試験紙を青色に変え，フェノールフタレイン溶液を入れると赤色になる。

**ウ** 青色のリトマス試験紙を赤色に変え，石灰石にかけると気体が発生する。

**エ** 青色のリトマス試験紙を赤色に変え，フェノールフタレイン溶液を入れても色が変わらない。

**3** 中和反応について，正しいことを述べているのはどれか。次の**ア〜エ**からすべて選べ。

〈栃木県・改〉 ➡**P.32** **2**

[          ]

**ア** うすい水酸化ナトリウム水溶液にうすい塩酸を１滴加えたときから，中和は起こり始める。

**イ** うすい水酸化ナトリウム水溶液にうすい塩酸を加えていくと，水溶液のアルカリ性が弱まっていく。

**ウ** うすい水酸化ナトリウム水溶液にうすい塩酸を加えるとき，水溶液が中性にならないと塩はできない。

**エ** うすい水酸化ナトリウム水溶液にうすい塩酸を加えるとき，塩のほかに水もできている。

**4** 図のように，木炭（備長炭）にこい食塩水でしめらせたろ紙を巻き，さらにアルミニウムはくを巻いた木炭電池をつくった。この電池に電子オルゴールをつなぐと電流が流れ，音が鳴った。

〈富山県〉 ➡**P.32** **3**

木炭をクリップではさむ。
電子オルゴール
アルミニウムはくにつなぐ。

(1) 実験のあとにアルミニウムはくをはがして観察すると，アルミニウムはくはぼろぼろになっていた。このことから，どのような化学変化が起こったと考えられるか。「アルミニウムイオン」，「電子」という言葉をすべて使って簡単に書け。

[          ]

(2) 実験でこい食塩水のかわりに次の**ア〜オ**を使ったとき，電子オルゴールが鳴ると考えられるものをすべて選び，記号で答えよ。

[          ]

**ア** エタノール　　**イ** 砂糖水　　**ウ** レモン汁　　**エ** 蒸留水　　**オ** 食酢

**ヒント** 電解質の水溶液を使う。

**5** 化学変化に関するあとの問いに答えなさい。〈愛媛県〉　➡P.32 **3**

〔実験1〕　下の表のような，水溶液と金属の組み合わせで，水溶液に金属の板を1枚入れて，金属板に金属が付着するかどうか観察し，その結果を表にまとめた。

〔実験2〕　硫酸亜鉛水溶液に亜鉛板，硫酸銅水溶液に銅板を入れ，両水溶液をセロハンで仕切った電池をつくり，導線でプロペラ付きモーターを接続すると，モーターは長時間回転し続けた。図はその様子をモデルで表したものである。

| 水溶液＼金属 | マグネシウム | 亜鉛 | 銅 |
|---|---|---|---|
| 硫酸マグネシウム水溶液 | | × | × |
| 硫酸亜鉛水溶液 | ○ | | × |
| 硫酸銅水溶液 | ○ | ○ | |

○は金属板に金属が付着したことを，×は金属板に金属が付着しなかったことを示す。

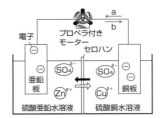

(1)　表の3種類の金属を，イオンになりやすい順に左から名称で書け。
　　　　　　　　　　　　　　　[　　　　　　　　　　　　　　　　　　　　　　　　]

(2)　実験1で硫酸亜鉛水溶液に入れたマグネシウム板に金属が付着したときに起こる反応を，「マグネシウムイオン」「亜鉛イオン」の2つの言葉を用いて，簡単に書け。
　　[
　　　　　　　　　　　　　　　　　　　　　　　　　　　　　　　　　　　　　　　　　　]

(3)　次の文の①，②の｛　　｝の中から，それぞれ適当なものを1つずつ選び，**ア**～**エ**の記号で書け。　　　　　　　　　　　①[　　　　　　　]　②[　　　　　　　]
　　図で，－極は①｛**ア**　亜鉛板　　**イ**　銅板｝であり，電流は導線を②｛**ウ**　aの向き　**エ**　bの向き｝に流れる。

**ヒント** 電子の移動する向きと電流の向きは逆向きになる。

(4)　次の**ア**～**エ**のうち，図のモデルについて述べたものとして，最も適当なものを1つ選び，その記号を書け。　　　　　　　　　　　　　　　　　[　　　　　　　]
　　**ア**　セロハンのかわりにガラス板を用いても，同様に長時間電流が流れ続ける。
　　**イ**　セロハンがなければ，銅板に亜鉛が付着して，すぐに電流が流れなくなる。
　　**ウ**　$Zn^{2+}$が ⟹ の向きに，$SO_4^{2-}$ が ⟸ の向きにセロハンを通って移動し，長時間電流が流れ続ける。
　　**エ**　陰イオンである$SO_4^{2-}$だけが，両水溶液間をセロハンを通って移動し，長時間電流が流れ続ける。

(5)　次の文の①，②の中からそれぞれ適当なものを1つずつ選び，その記号を書け。
　　　　　　　　　　　　　　　①[　　　　　　　]　②[　　　　　　　]
　　実験2の，硫酸銅水溶液を硫酸マグネシウム水溶液，銅板をマグネシウム板にかえて，実験2と同じ方法で実験を行うと，亜鉛板に①｛**ア**　亜鉛　　**イ**　マグネシウム｝が付着し，モーターは実験2と②｛**ウ**　同じ向き　　**エ**　逆向き｝に回転した。

**6** 塩酸と水酸化ナトリウム水溶液を用いて実験を行った。(1)～(5)の問いに答えなさい。

〈岐阜県〉 ➡P.32 **2**

〔実験〕 2％の塩酸5cm³が入ったビーカーにBTB溶液を1～2滴加えて，水溶液の色を観察した。その後，右の図のように，こまごめピペットとガラス棒を用いて，2％の水酸化ナトリウム水溶液2cm³を加え，よくかき混ぜてから水溶液の色を観察することを，4回続けて行った。下の表は，その結果をまとめたものである。

| 加えた水酸化ナトリウム水溶液の量〔cm³〕 | 0 | 2 | 4 | 6 | 8 |
|---|---|---|---|---|---|
| 水溶液の色 | | 黄色 | | 青色 | |

(1) 実験から，塩酸は何性とわかるか。言葉で書け。

[　　　　　　　　　]

(2) 2％の水酸化ナトリウム水溶液8cm³に含まれる水酸化ナトリウムの質量は何gか。ただし，2％の水酸化ナトリウム水溶液の密度を1.0g/cm³とする。

**ヒント** 質量パーセント濃度〔％〕＝ $\dfrac{溶質の質量〔g〕}{溶液の質量〔g〕}×100$

[　　　　　　　　　]

(3) BTB溶液を加えたときの様子について，正しく述べている文はどれか。ア～エから1つ選び，符号で書け。　　　[　　　　　　　]

**ア** 牛乳は黄色になり，炭酸水は青色になる。

**イ** 石けん水は青色になり，アンモニア水は赤色になる。

**ウ** レモン水は黄色になり，炭酸ナトリウム水溶液は青色になる。

**エ** 食塩水は緑色になり，石灰水は黄色になる。

(4) 次の　　　の①，②にはあてはまるイオンの化学式を，③にはあてはまる言葉を，それぞれ書け。

①[　　　　　] ②[　　　　　] ③[　　　　　]

実験で，塩酸の中の　①　は，加えた水酸化ナトリウム水溶液の中の　②　と結びついて水ができ，たがいの性質を打ち消し合った。この反応を　③　という。

(5) 右のA～Dのグラフは，実験で，塩酸に加えた水酸化ナトリウム水溶液の量と，水溶液中のイオンの数の関係をそれぞれ表したものである。

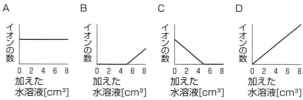

① 塩酸に加えた水酸化ナトリウム水溶液の量と，水酸化物イオンの数の関係を表したグラフとして最も適切なものを，A～Dから1つ選び，符号で書け。

[　　　　　　　　　]

② 塩酸に加えた水酸化ナトリウム水溶液の量と，塩化物イオンの数の関係を表したグラフとして最も適切なものを，A～Dから1つ選び，符号で書け。

[　　　　　　　　　]

# 水溶液と状態変化

## 1 水溶液の性質

- **溶液**…物質を液体にとかして，全体が均一になった液体。
- **溶質**…溶液にとけている物質。
- **溶媒**…物質をとかしている液体。溶媒が水の場合，**水溶液**という。

  溶質＋溶媒＝溶液

- **質量パーセント濃度**…溶液の質量に対する溶質の質量の割合。

$$質量パーセント濃度〔\%〕=\frac{溶質の質量〔g〕}{溶液の質量〔g〕}\times100$$

$$=\frac{溶質の質量〔g〕}{溶質の質量〔g〕+溶媒の質量〔g〕}\times100$$

## 2 溶解度

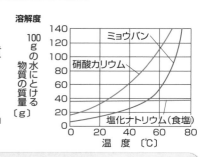

- **溶解度**…100gの水にとける物質の最大の質量。溶解度は物質の種類と水の温度によって変わる。
- **飽和水溶液**…物質がそれ以上とけきれなくなった水溶液。
- **再結晶**…いったん溶媒（水など）にとかした物質を，再び**結晶**（規則正しい形をした固体）としてとり出す方法。

> **よくでる** **再結晶の方法**
> ①温度による溶解度の差が大きいもの（ミョウバン，硝酸カリウムなど）…水溶液を冷やす。
> ②温度による溶解度の差が小さいもの（塩化ナトリウムなど）…水溶液を加熱するなどして，水を蒸発させる。

## 3 物質の状態変化

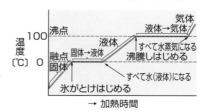

氷を加熱したときの状態変化と温度変化

- **状態変化**…温度変化によって，物質の状態が固体⇔液体⇔気体と変化すること。
- **状態変化と密度**…状態変化によって**質量は変わらない**が，**体積は変化する**ので，密度は変化する。
- **融点**…固体から液体に変化するときの温度。
- **沸点**…液体が沸騰して気体に変化するときの温度。
- **純粋な物質（純物質）の融点・沸点**…純粋な物質の融点，沸点は一定の値を示す。
- **蒸留**…液体を加熱し，出てきた気体を冷やして再び液体にしてとり出すこと。混合物の沸点のちがいを利用している。

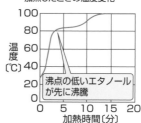

エタノールと水の混合物を加熱したときの温度変化

**1** 右の図は，水を氷の状態からゆっくりと加熱したときの，加熱した時間と温度との関係を模式的に表したものである。〈山梨県〉 **➡P.36 ③**

よくでる

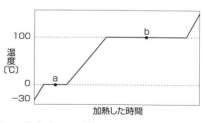

(1) 図のa点の前後では，0℃で温度が一定になっている。このときの温度を何というか。

[ 　　　　　　　　　　 ]

(2) 図のb点で，水はどのような状態であるか。次のア～ウから1つ選べ。

[ 　　　　　　　　　　 ]

　　ア　固体と液体　　　イ　液体と気体　　　ウ　固体と気体

**2** 次の①，②の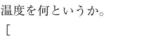の中から，それぞれ適当なものを1つずつ選べ。〈愛媛県〉 **➡P.36 ③**

　太郎さんが，氷のかけらを水の入った容器に入れたところ，氷のかけらは水に浮いた。氷が水に浮くのは，氷の密度が水の密度より小さいからである。氷の密度が水の密度より小さいのは，水が液体から固体に①｛ア　化学変化　　イ　状態変化｝するとき，質量は変化しないが体積は②｛ア　増加　　イ　減少｝するからである。

①[ 　　　　　　 ] ②[ 　　　　　　 ]

**3** 右の表は，4種類の物質A，B，C，Dの融点と沸点を示したものである。物質の温度が20℃のとき，液体であるものはどれか。

正答率90%

〈栃木県〉 **➡P.36 ③**

[ 　　　　　　　　　　 ]

　　ア　物質A　　　イ　物質B
　　ウ　物質C　　　エ　物質D

|  | 融点〔℃〕 | 沸点〔℃〕 |
|---|---|---|
| 物質A | −188 | −42 |
| 物質B | −115 | 78 |
| 物質C | 54 | 174 |
| 物質D | 80 | 218 |

**ヒント** 物質の温度が融点と沸点の間のとき液体となる。

**4** 食塩を水にとかして水溶液をつくった。この水溶液について正しく述べているものを，次のア～エから1つ選べ。〈岩手県〉 **➡P.36 ①**

[ 　　　　　　　　　　 ]

　　ア　水溶液を顕微鏡で観察したとき，食塩の粒は見えない。
　　イ　水溶液は，時間がたつと液の上と下で濃さが異なってくる。
　　ウ　水溶液をろ過した液から水を蒸発させると，食塩は残らない。
　　エ　水溶液の質量は，とかす前の食塩と水の質量の合計より小さい。

**5** 次の文は，溶液について述べたものである。　ア　，　イ　にあてはまる語句をそれぞれ書け。〈山梨県〉 **➡P.36 ①**

よくでる

正答率73%

ア[ 　　　　　　　　 ] イ[ 　　　　　　　　 ]

　水に物質をとかしたとき，とけている物質を　ア　，水のように　ア　をとかしている液体を　イ　という。　ア　が　イ　にとけた液全体を溶液という。

**6** 物質の状態変化に関する実験を行った。あとの問いに答えなさい。〈富山県〉 →P.36 **3**

〈実験〉 ⑦図1のように装置を組み立て，水64gとエタノール9gの混合物を弱火で加熱した。

⑦出てきた気体の温度を温度計で1分おきに20分間はかり，グラフに表したところ図2のようになった。

⑦4分おきに試験管を交換し，出てきた液体を20分間で5本の試験管に集めた。

⑦試験管に集めた液体の性質を調べ，表にまとめた。

図1
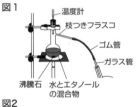

図2
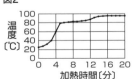

| 試験管 | 体積〔cm³〕 | におい | 火をつけたとき |
|---|---|---|---|
| A | 11.3 | ほとんどしない | 燃えない |
| B | 7.5 | する | 燃える |
| C | 4.6 | 少しする | 燃えない |
| D | 5.3 | する | 少し燃える |
| E | 0.4 | する | 燃える |

(1) 液体を熱して沸騰させ，出てくる蒸気を冷やして再び液体としてとり出すことを何というか，書け。 [　　　　　　　　]

(2) ⑦において，エタノールを溶質，水を溶媒としたときの質量パーセント濃度はいくらか，小数第1位を四捨五入して整数で答えよ。 [　　　　　　　　]

(3) 沸騰は加熱開始から何分後に始まったか，図2のグラフをもとに書け。
[　　　　　　　　]

(4) 表の結果から，試験管A～Eを集めた順に並べ，記号で答えよ。
[　　　　　　　　]


**7** 次の実験について，あとの問いに答えなさい。〈三重県〉 →P.36 **3**

〈実験〉 ポリエチレンの袋にエタノールを入れ，空気をぬいて袋の口を閉じた。右の図のように，この袋に熱湯をかけたところ，袋は大きくふくらんだ。

熱湯
エタノールを入れた
ポリエチレンの袋

実験について，熱湯をかけるとポリエチレンの袋がふくらんだのは，エタノールの状態が変化したからである。右のA～Cの粒子のモデルはエタノールの固体，液体，気体のいずれかの状態を模式的に示したものである。熱湯をかける前の粒子のモデルと熱湯をかけた後の粒子のモデルはそれぞれどれか。次の**ア～カ**から最も適当なものを1つ選び，その記号を書け。 [　　　　　　　　]

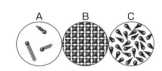

| | **ア** | **イ** | **ウ** | **エ** | **オ** | **カ** |
|---|---|---|---|---|---|---|
| 熱湯をかける前の粒子のモデル | A | A | B | B | C | C |
| 熱湯をかけた後の粒子のモデル | B | C | A | C | A | B |

**ヒント** 液体のエタノールに熱湯をかけると気体になる。

**8** 次の実験について，あとの各問いに答えなさい。〈三重県〉 →P.36 **2**

〈実験〉 塩化ナトリウム，硝酸カリウム，ミョウバンについて，水の温度によるとけ方のちがいを調べるために，次の①～③の実験を行った。

① 室温20℃で，ビーカーA，B，Cに20℃の水を50gずつ入れ，**図1**のようにビーカーAに塩化ナトリウム15gを，ビーカーBに硝酸カリウム15gを，ビーカーCにミョウバン15gをそれぞれ入れてじゅうぶんにかき混ぜ，ビーカーの中の様子を観察した。

図1

② ①でできたビーカーA，B，Cを加熱し，水溶液の温度を60℃まで上げてじゅうぶんにかき混ぜ，ビーカーの中の様子を観察した。

③ ②でできたビーカーA，B，Cを冷やし，水溶液の温度を10℃まで下げ，ビーカーの中の様子を観察した。

(1) ①，②について，次の(a)，(b)の各問いに答えよ。ただし，**図2**は，それぞれの物質についての，100gの水にとける物質の質量と水の温度との関係を表したものである。

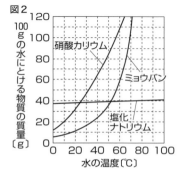
図2

(a) ①について，ビーカーA，B，Cそれぞれで，物質が水にすべてとけている場合には○を，とけ残っている場合には×を書け。

A [　　　　　　]
B [　　　　　　]
C [　　　　　　]

(b) ②について，ビーカーBに硝酸カリウムはあと約何gとかすことができるか。次のア～オから最も適当なものを1つ選び，その記号を書け。ただし，実験をとおして，溶媒の水の蒸発は考えないものとする。 [　　　　　　]

**ア** 15g　**イ** 40g　**ウ** 55g　**エ** 80g　**オ** 95g

(2) ③について，右の表は，**図2**のグラフから，10℃の100gの水にとける塩化ナトリウム，硝酸カリウム，ミョウバンの質量を読みとったものである。次の(a)，(b)の各問いに答えよ。

| 物質 | 塩化ナトリウム | 硝酸カリウム | ミョウバン |
|---|---|---|---|
| 10℃の100gの水にとける物質の質量〔g〕 | 37.7 | 22.0 | 7.6 |

(a) 固体として出てきた物質の質量が最も多いのは，ビーカーA，B，Cのうちのどれか。最も適当なものを1つ選び，A，B，Cの記号を書け。

[　　　　　　]

(b) ビーカーBの硝酸カリウム水溶液の質量パーセント濃度は何%か，求めよ。ただし，答えは小数第1位を四捨五入し，整数で求めよ。

[　　　　　　]

# 物質のなり立ち

出題率 45.8%

## 1 熱分解と物質が結びつく化学変化

■ **熱分解**…加熱によって1つの物質が2つ以上の物質に分かれる化学変化。

(例)・炭酸水素ナトリウム → 炭酸ナトリウム ＋ 二酸化炭素 ＋ 水

$$2NaHCO_3 \rightarrow Na_2CO_3 + CO_2 + H_2O$$

・酸化銀 → 銀 ＋ 酸素

$$2Ag_2O \rightarrow 4Ag + O_2$$

■ **物質が結びつく化学変化**

…2つ以上の物質が結びついて，別の物質ができる。

(例)鉄 ＋ 硫黄 → 硫化鉄

$$Fe + S \rightarrow FeS$$

**よくでる** 鉄と硫黄の化学変化

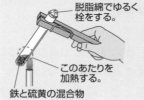

脱脂綿でゆるく栓をする。

このあたりを加熱する。

鉄と硫黄の混合物

| | 鉄と硫黄の混合物 | 鉄と硫黄の化合物(硫化鉄) |
|---|---|---|
| 磁石を近づける | 引きつけられる。(鉄) | 引きつけられない。(硫化鉄) |
| うすい塩酸を加える | においのない気体(水素)が発生。 | 卵のくさったにおいの気体(硫化水素)が発生。 |

## 2 原子・分子，化学式

■ **原子**…それ以上分割できない粒子。

■ **分子**…いくつかの原子が結びついた粒子。

■ **元素**…原子の種類のこと。現在，約120種類ある。

■ **単体・化合物**…1種類の元素でできているものを**単体**，2種類以上の元素でできているものを**化合物**という。

■ **化学式**…いろいろな物質を，元素記号と数字を用いて表したもの。

■ **化学反応式**…化学式を用いて，化学変化を表したもの。

原子の性質
①化学変化によってそれ以上**分割できない。**
②化学変化によってほかの種類の原子に変わったり，なくなったりしない。
③原子の種類によって，**質量や大きさが決まっている。**

・元素と元素記号

| 元素 | 元素記号 | 元素 | 元素記号 | 元素 | 元素記号 |
|---|---|---|---|---|---|
| 水素 | H | 硫黄 | S | ナトリウム | Na |
| 酸素 | O | 鉄 | Fe | マグネシウム | Mg |
| 炭素 | C | 銀 | Ag | バリウム | Ba |
| 窒素 | N | アルミニウム | Al | 亜鉛 | Zn |
| 塩素 | Cl | 銅 | Cu | カルシウム | Ca |

・化学式

| 物質 | 化学式 | 物質 | 化学式 |
|---|---|---|---|
| 水素 | $H_2$ | 鉄 | Fe |
| 酸素 | $O_2$ | マグネシウム | Mg |
| 水 | $H_2O$ | 塩化ナトリウム | NaCl |
| 二酸化炭素 | $CO_2$ | 水酸化ナトリウム | NaOH |
| アンモニア | $NH_3$ | 酸化銅 | CuO |

**ミス注意** 化学反応式を書く手順
①反応前の物質を矢印の左側，反応後の物質を右側に書く。
②矢印の左右で，各原子の種類と数が等しくなるようにする。
(例)① $H_2+O_2 \rightarrow H_2O$
② $2H_2+O_2 \rightarrow 2H_2O$

単体と化合物

| | 分子をつくる物質 | 分子をつくらない物質 |
|---|---|---|
| 単体 | 水素，酸素，窒素など | 鉄，銅，マグネシウムなど |
| 化合物 | 水，二酸化炭素，アンモニアなど | 塩化ナトリウム，酸化銅など |

**1** 1種類の物質が2種類以上の物質に分かれる化学変化を分解という。分解にあたるものを次のア〜エから1つ選べ。〈富山県〉 ➡P.40 **1**　　　　　　　　　　　[　　　　　　　]

ア　食塩水を加熱すると，水が蒸発し，食塩が残る。

イ　酸化銅を炭素粉末とともに加熱すると，二酸化炭素が発生し，銅が残る。

ウ　氷を加熱すると液体の水になる。　　エ　酸化銀を加熱すると，酸素が発生し銀が残る。

**2** 鉄粉と硫黄を混ぜて加熱したときの変化を調べる実験を行った。この実験で，試験管bにできた物質は硫化鉄である。〈千葉県〉 ➡P.40 **1 2**

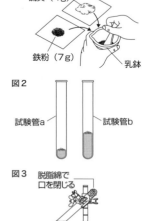

図1　硫黄 (4g)
鉄粉 (7g)　　乳鉢

図2
試験管a　　試験管b

〔実験〕　1　図1のように，鉄粉7gと硫黄4gを乳鉢に入れてよく混ぜ合わせた。

2　図2のように，1でつくった混合物の$\frac{1}{4}$くらいを試験管aに，残りを試験管bにそれぞれ入れた。

3　図3のように，脱脂綿で試験管bの口を閉じ，混合物の上部を加熱した。

4　3で，混合物の上部が赤くなったところで加熱をやめ，その後の試験管bの中の様子を観察した。

5　試験管bが十分冷えた後，図4のように，試験管に磁石を近づけて反応後の試験管bの中の物質が磁石に引きつけられるかどうかを調べた。2の試験管aについても，磁石を近づけて調べた。

図3　脱脂綿で口を閉じる

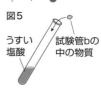

図4　磁石

6　5の試験管bの中の物質を少量とり，図5のように，うすい塩酸が入った別の試験管に入れて，発生する気体のにおいを調べた。試験管aの中の物質についても，同様にして調べた。

(1)　次の文は，この実験の結果をまとめたものである。文中の　A　〜　D　にあてはまる言葉の組み合わせとして最も適当なものを，あとのア〜エから1つ選べ。

[　　　　　]

図5
うすい塩酸　　試験管bの中の物質

　実験の4で，加熱をやめたあとも反応は続き，赤くなる部分が全体に広がった。反応後の試験管bの中の物質はしばらくすると黒くなった。実験の5で，磁石を近づけたところ，試験管aの中の物質は磁石に　A　が，試験管bの中の物質は　B　。実験の6で，試験管aの中の物質をうすい塩酸に入れると，においの　C　気体が発生したが，試験管bの中の物質をうすい塩酸に入れると，においの　D　気体が発生した。

ア　A：引きつけられた　　　B：引きつけられなかった　　　C：ない　　D：ある

イ　A：引きつけられた　　　B：引きつけられなかった　　　C：ある　　D：ない

ウ　A：引きつけられなかった　　　B：引きつけられた　　　C：ない　　D：ある

エ　A：引きつけられなかった　　　B：引きつけられた　　　C：ある　　D：ない

(2)　この実験で，鉄粉と硫黄の混合物を加熱したときに起こる化学変化を表す化学反応式を書け。　　　　　　[　　　　　　　　　　　　　　]

# 水溶液とイオン

## 1 電解質と非電解質

- **電離**…物質が水にとけて**陽イオン**と**陰イオン**に分かれること。

  （例）塩化ナトリウムの電離　$NaCl \rightarrow Na^+ + Cl^-$

- **電解質**…水溶液にしたとき，**電流が流れる物質**。（例）塩化水素，塩化銅など。

- **非電解質**…水溶液にしたとき，**電流が流れない物質**。（例）砂糖，エタノールなど。

## 2 電気分解

- **水の電気分解**

  ・化学反応式　$2H_2O \rightarrow 2H_2 + O_2$

  水の電気分解

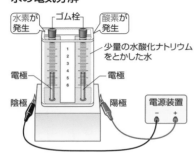

- **塩酸の電気分解**

  ・化学反応式　$2HCl \rightarrow H_2 + Cl_2$

  塩酸の電気分解

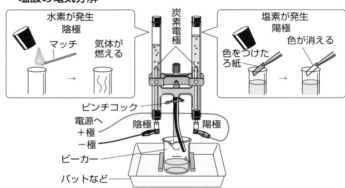

**ミス注意** 塩素は水にとけやすいため，実験装置に
集まった塩素の量は，水素と比べて少ない。

## 3 原子とイオン

- **原子の構造**…原子の中心には**原子核**があり，そのまわりに−の
  電気を帯びた**電子**がある。原子核は＋の電気を帯びた**陽子**と電気
  を帯びていない**中性子**からなる。

- **イオン**…原子が電気を帯びたもの。

- **陽イオンと陰イオン**…原子が電子を失って＋の電気を帯びたも
  のを**陽イオン**，原子が電子を受けとって−の電気を帯びたものを
  **陰イオン**という。

ヘリウム原子の構造

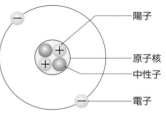

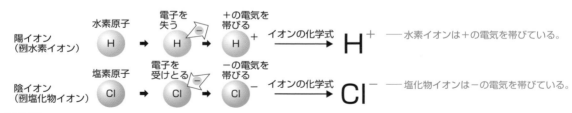

**1** 図の1～5のカードは，原子またはイオンの構造を模式的に表したものである。次の(1)，(2)に答えなさい。ただし，電子を●，陽子を◎，中性子を○とする。〈山口県〉 ➡P.42 ③

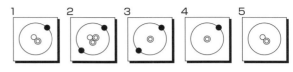

(1) イオンを表しているものを，図の1～5からすべて選び，記号で答えよ。

> **ヒント** 原子が＋または－の電気を帯びたものをイオンという。 [                    ]

(2) 図の1で表したものと同位体の関係にあるものを，図の2～5から1つ選び，記号で答えよ。 [                    ]

**2** 10%塩化銅水溶液200gと炭素棒などを用いて，図のような装置をつくった。電源装置を使って電圧を加えたところ，光電池用プロペラつきモーターが回った。次の問いに答えなさい。

〈兵庫県〉 ➡P.42 ① ②

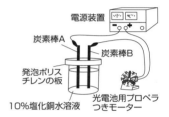

電源装置
炭素棒A
炭素棒B
発泡ポリスチレンの板
10%塩化銅水溶液
光電池用プロペラつきモーター

正答率 59%

(1) 炭素棒A，B付近のようすについて説明した次の文の ① ～ ④ に入る語句の組み合わせとして適切なものを，あとの**ア**～**エ**から1つ選んで，その符号を書け。 [                    ]

　光電池用プロペラつきモーターが回ったことから，電流が流れたことがわかる。このとき，炭素棒Aは ① 極となり，炭素棒Bは ② 極となる。また，炭素棒Aでは ③ し，炭素棒Bでは ④ する。 **ヒント** 陽イオンは陰極で電子を受けとる。

**ア** ①陰 ②陽 ③銅が付着 ④塩素が発生
**イ** ①陰 ②陽 ③塩素が発生 ④銅が付着
**ウ** ①陽 ②陰 ③銅が付着 ④塩素が発生
**エ** ①陽 ②陰 ③塩素が発生 ④銅が付着

正答率 60%

(2) 塩化銅が水溶液中で電離しているとき，次の電離を表す式の □ に入るものとして適切なものを，あとの**ア**～**エ**から1つ選んで，その符号を書け。 [                    ]

　　$CuCl_2 \rightarrow$ □

**ア** $Cu^+ + Cl^{2-}$ 　　**イ** $Cu^+ + 2Cl^-$ 　　**ウ** $Cu^{2+} + Cl^-$ 　　**エ** $Cu^{2+} + 2Cl^-$

正答率 71%

(3) 水にとかすと水溶液に電流が流れる物質について説明した次の文の ① ～ ③ に入る語句の組み合わせとして適切なものを，あとの**ア**～**エ**から1つ選んで，その符号を書け。 [                    ]

　塩化銅は，水溶液中で原子が電子を ① ，全体としてプラスの電気を帯びた陽イオンと，原子が電子を ② ，全体としてマイナスの電気を帯びた陰イオンに分かれているため，水溶液に電流が流れる。塩化銅のように水にとかすと水溶液に電流が流れる物質を電解質といい，身近なものに ③ などがある。

**ア** ①受けとり ②失い ③食塩 　　**イ** ①受けとり ②失い ③砂糖
**ウ** ①失い ②受けとり ③食塩 　　**エ** ①失い ②受けとり ③砂糖

# 動物のつくりとはたらき

## 1 消化と吸収

- **消化系**…「口→食道→胃→小腸→大腸→肛門」とつながった１本の**消化管**と，だ液腺・肝臓・すい臓などの消化器官をあわせて**消化系**という。

- **消化酵素**…消化液に含まれ，養分を分解する。

**養分と消化酵素**

| | |
|---|---|
| デンプン➡ブドウ糖➡柔毛の毛細血管へ | だ液・すい液・小腸の壁の消化酵素 |
| タンパク質➡アミノ酸➡柔毛の毛細血管へ | 胃液・すい液・小腸の壁の消化酵素 |
| 脂肪➡脂肪酸とモノグリセリド　柔毛で吸収後，再び脂肪となってリンパ管へ | すい液（胆汁は消化酵素を含まないが，脂肪の分解を助けるはたらきがある。） |

- **小腸のつくり**…小腸の内側の壁のひだには小さな突起（**柔毛**）がある。**表面積が大きくなり，効率よく養分を吸収できる。**

## 2 血液の循環

- **血液の循環**…肺循環（心臓→肺→心臓），体循環（心臓→全身→心臓）。

- **血液の成分とはたらき**…**赤血球**（ヘモグロビンを含み，酸素を運ぶ），**白血球**（細菌などを分解する），**血小板**（血液を固める），**血しょう**（養分や不要物を運ぶ）。血しょうの一部が毛細血管からしみ出したものを**組織液**といい，細胞と血液の間で酸素や養分，二酸化炭素などの受け渡しの仲立ちをする。

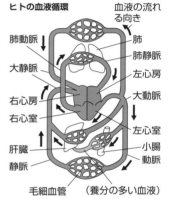

ヒトの血液循環

血液の流れる向き
肺動脈
大静脈
右心房
右心室
肝臓
静脈
毛細血管
肺
肺静脈
左心房
大動脈
左心室
小腸
動脈
（養分の多い血液）

## 3 呼吸のしくみ

- **肺胞**…気管支の先にある，毛細血管に囲まれた小さな袋。肺胞が多数あることで，**肺の表面積を大きくしている。**

- **肺呼吸**…肺胞で酸素と二酸化炭素の交換を行う。

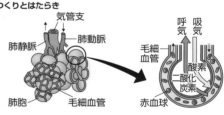

肺のつくりとはたらき

気管支
肺静脈
肺動脈
肺胞
毛細血管

呼気　吸気
毛細血管
酸素
二酸化炭素
赤血球

## 4 排出のしくみ

- **排出**…細胞でできた不要物を体外に出すはたらき。

- **肝臓のはたらき**…①養分をたくわえる，②胆汁をつくる，③アンモニアを尿素に変える，など。

- **腎臓のはたらき**…①尿素から尿をつくってぼうこうへ送る，②血液中の水分や塩分量の調節，など。

## 5 行動のしくみ

- **感覚器官**…刺激を受けとる感覚細胞がある。目（視覚）・耳（聴覚）・鼻（嗅覚）・舌（味覚）・皮膚（触覚など）

- **感覚神経**…感覚器官からの刺激を信号に変えて，脳や脊髄に伝える神経。

- **神経系**…**中枢神経（脳と脊髄）**と**末しょう神経（感覚神経と運動神経）**。

- **意識して行われる反応**…脳で判断するので，**反応までの時間が長い。**

- **反射**…熱いものにふれて思わず手を引っこめるなど，意識と関係なく起こる反応。**脊髄が命令を出すので反応が速く，危険から身を守るのに役立つ。**

## 入試問題で実力チェック！

**1** ヒトの感覚器官に関する文として適切なものを，次の**ア〜エ**から１つ選べ。〈兵庫県〉
➡P.44 5 [　　　　　　]

**ア** 目では，レンズが物体からの光を屈折させて，こうさいの上に像をつくる。
**イ** 耳では，音の振動が鼓膜でとらえられ，耳小骨を通してうずまき管へ伝えられる。
**ウ** においの刺激を受けとる細胞は，鼻の穴の入り口付近にある。
**エ** 温度の刺激を受けとる部分は，皮膚の汗腺である。

**2** 図は，肺の一部を模式的に表したものである。気管支の先端にたくさんある小さな袋は何とよばれるか。その名称を書け。〈愛媛県〉 ➡P.44 3
[　　　　　　]

**3** タンパク質は消化液中の消化酵素のはたらきで分解され，小腸の柔毛から養分として吸収される。図はヒトの小腸とその内側の断面をそれぞれ模式的に表した図である。〈兵庫県〉 ➡P.44 1

（1） タンパク質が分解されて柔毛から吸収される養分は何か，書け。
[　　　　　　]

（2） 図のように，小腸の内側に柔毛が無数にあることは，養分を効率よく吸収する上で都合がよいと考えられる。これはなぜか，書け。
[　　　　　　]

**ヒント** 肺に肺胞が多数集まっているのと同じ理由。

**4** 図は，ヒトの血液の循環を模式的に表したものである。P，Q，R，Sは，肺，肝臓，腎臓，小腸のいずれかを，矢印は血液の流れを示している。このことについて，次の問いに答えなさい。〈栃木県〉
➡P.44 2

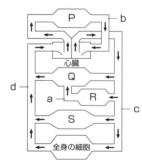

（1） 血液が，肺や腎臓を通過するとき，血液中から減少するおもな物質の組み合わせとして正しいものはどれか。 [　　　　　　]

|  | 肺 | 腎臓 |
|---|---|---|
| **ア** | 酸素 | 尿素 |
| **イ** | 酸素 | アンモニア |
| **ウ** | 二酸化炭素 | 尿素 |
| **エ** | 二酸化炭素 | アンモニア |

（2） a，b，c，dを流れる血液のうち，aを流れている血液が，ブドウ糖などの栄養分の濃度が最も高い。その理由は，QとRのどのようなはたらきによるものか。QとRは器官名にしてそれぞれ簡潔に書け。
[　　　　　　]

（3） あるヒトの体内には，血液が4000mLあり，心臓は１分間につき75回拍動し，１回の拍動により，右心室と左心室からそれぞれ80mLの血液が送り出されるものとする。このとき，体循環により，4000mLの血液が心臓から送り出されるまでに何秒かかるか。
[　　　　　　]

動物のつくりとはたらき **45**

**5** 図1は，デンプン（炭水化物）など，食物に含まれる3つのおもな成分（養分）が，ヒトの各消化液等に含まれる消化酵素で分解され，ブドウ糖などの物質になるまでをまとめたものである。この中で，Xはおもな成分（養分）の1つであり，Yは小腸以外の器官でつくられる消化液である。これについて，あとの問いに答えなさい。〈山梨県〉　**→P.44 1**

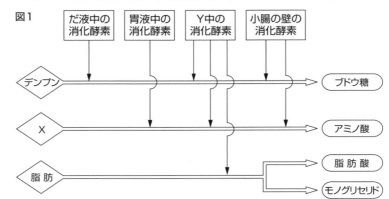

図1

(1)　**図1**のXは何という成分（養分）か，その名称を書け。　　［　　　　　　　　　　　　］

(2)　**図1**のYは何という消化液か，その名称を書け。　　［　　　　　　　　　　　　］

(3)　だ液中の消化酵素のはたらきについて確かめるために，デンプン溶液を用意した。次に，このデンプン溶液を同量ずつ試験管AとBに分け，次の実験を行った。

　〔実験1〕　試験管Aにはだ液を，試験管Bには水を，それぞれ同量ずつ加えて混ぜ合わせ，**図2**のように，ある温度の水に10分間入れた後，試験管Aの溶液を試験管A1，A2に，試験管Bの溶液を試験管B1，B2に，それぞれ同量ずつ分けた。

図2

　〔実験2〕　試験管A1とB1それぞれに，ヨウ素液を数滴加え，その変化を観察した。

　〔実験3〕　試験管A2とB2それぞれに，ベネジクト液と沸騰石を少量加え，ガスバーナーで加熱し，その変化を観察した。

①　〔実験1〕でビーカーの水の温度は何度にしておくことが適当か。次の**ア～エ**から最も適当なものを1つ選べ。　　　　　　　　　　　［　　　　　　　　　］

　　**ア**　10～15℃　　　**イ**　35～40℃　　　**ウ**　60～65℃　　　**エ**　85～90℃

②　だ液中の消化酵素が十分にはたらいたとき，〔実験2〕と〔実験3〕の結果は，それぞれどのようになると考えられるか。次の**ア**～**エ**から最も適当なものをそれぞれ1つずつ選び，右の表中に書け。ただし，同じ記号を何回使ってもよい。

|  | 〔実験2〕 |  | 〔実験3〕 |
|---|---|---|---|
| A1 |  | A2 |  |
| B1 |  | B2 |  |

　　**ア**　青紫色になる。　　　　　　　**イ**　白色の沈殿ができる。
　　**ウ**　赤褐色の沈殿ができる。　　　**エ**　変化しない。

③　この実験で，水を入れた試験管B1，B2を用意し，〔実験2〕，〔実験3〕を行ったのはなぜか。その理由を「水」という語句を使って簡単に書け。

　　［　　　　　　　　　　　　　　　　　　　　　　　　　　　　　　　　　　　　　　　］

**6** 刺激に対する人の反応調べる実験1，2を行った。(1)〜(7)の問いに答えなさい。〈岐阜県〉
➡P.44 **5**

〔実験1〕 **図1**のように，6人が手をつないで輪になる。ストップ
ウォッチを持った人が右手でストップウォッチをスタートさせ
ると同時に，右手で隣の人の左手を握る。左手を握られた人は，
右手でさらに隣の人の左手を握り，次々に握っていく。ストッ
プウォッチを持った人は，自分の左手が握られたら，すぐにス
トップウォッチを止め，時間を記録する。これを3回行い，記
録した時間の平均を求めたところ，1.56秒であった。

図1

ストップウォッチ

〔実験2〕 **図2**のように，手鏡で瞳を見ながら，明るい方からうす暗い
方に顔を向け，瞳の大きさを観察したところ，<u>意識とは無関係
に，瞳は大きくなった。</u>

図2

正答率 82% (1) 実験1で，1人の人が手を握られてから隣の人の手を握るまでに
かかった平均の時間は何秒か。　　　　　[　　　　　　　　　]

正答率 63% (2) 実験1で，「握る」という命令の信号を右手に伝える末しょう神経は何という神経か。
言葉で書け。　　　　　　　　　　　　　[　　　　　　　　　]

正答率 76% (3) **図3**は，実験1で1人の人が手を握られてから隣の人の手
を握るまでの神経の経路を模式的に示したものである。Aは
脳，Bは皮膚，Cは脊髄，Dは筋肉，実線(——)はそれらを
つなぐ神経を表している。実験1で，1人の人が手を握られ
てから隣の人の手を握るまでに，刺激や命令の信号は，どのような経路で伝わったか。
信号が伝わった順に符号を書け。ただし，同じ符号を2度使ってもよい。
　　　　　　　　　　　　　　　　　　[　　　　　　　　　]

図3
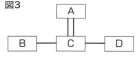

正答率 88% (4) 実験2の下線部の反応のように，刺激を受けて，意識とは無関係に起こる反応を何と
いうか。言葉で書け。　　　　　　　　　[　　　　　　　　　]

正答率 61% (5) 意識とは無関係に起こる反応は，意識して起こる反応と比べて，刺激を受けてから反
応するまでの時間が短い。その理由を，**図3**を参考にして「外界からの刺激の信号が，」
に続けて，「脳」，「脊髄」という2つの言葉を用いて，簡潔に書け。
[外界からの刺激の信号が，　　　　　　　　　　　　　　　　]

正答率 81% (6) **図4**は，ヒトの腕の骨と筋肉の様子を示したものである。熱いも
のに触ってしまったとき，意識せずにとっさに腕を曲げて手を引っ
こめた。このとき，「腕を曲げる」という命令の信号が伝わった筋肉
は，**図4**の**ア**，**イ**のどちらか。符号で書け。　　[　　　　　]

図4
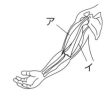

正答率 76% (7) 意識とは無関係に起こる反応として適切なものを，**ア〜エ**から1
つ選び，符号で書け。　　　　　　　　　[　　　　　]
**ア** ボールが飛んできて，「危ない」と思ってよけた。
**イ** 食べ物を口に入れると，だ液が出た。
**ウ** 後ろから名前を呼ばれ，振り向いた。
**エ** 目覚まし時計が鳴り，音を止めた。

# 細胞分裂と生殖

## 1 顕微鏡の使い方

- **操作手順**…①接眼レンズ→対物レンズの順にとりつける。②接眼レンズをのぞきながら，**反射鏡としぼり**で視野全体を明るくする。③プレパラートをステージにのせる。④横から見ながら，調節ねじを回して**対物レンズとプレパラートを近づける**。⑤接眼レンズをのぞきながら，④と逆向きに調節ねじを回し，ピントを合わせる。

**ミス注意** 顕微鏡の像は，**上下左右が逆**→観察物を視野の中央に移動させるときはプレパラートを**動かしたい方向と逆方向**に動かす。

・最初は低倍率で観察。「顕微鏡の倍率＝接眼レンズの倍率×対物レンズの倍率」

顕微鏡のつくり（ステージ上下式）

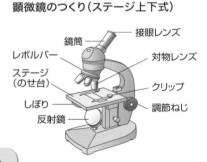

鏡筒 ── 接眼レンズ
レボルバー ── 対物レンズ
ステージ（のせ台）── クリップ
しぼり ── 調節ねじ
反射鏡

## 2 細胞と体細胞分裂

- **植物の細胞**…核（球状，酢酸オルセイン溶液で赤く染まる。染色体を含む。），細胞膜（細胞質のいちばん外側のうすい膜），葉緑体（光合成を行う緑色の粒），細胞壁（細胞を保護するしきり），大きな液胞（水や不要物が入っている）

- **動物の細胞**…核，細胞膜。

- **体細胞分裂**…細胞分裂時には核内に染色体が現れる。複製された染色体は，分裂過程で2つに分かれるため，もとの細胞と新しい細胞で染色体の数は同じになる。

植物の細胞と動物の細胞

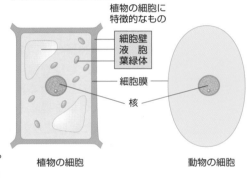

植物の細胞に特徴的なもの
細胞壁
液　胞
葉緑体
細胞膜
核

植物の細胞　　　動物の細胞

**よくでる** 植物の体細胞分裂

 ① ──核
 ② 染色体
 ③
 ④
 ⑤
 ⑥

- **単細胞生物と多細胞生物**…からだが1個の細胞でできている生物を単細胞生物（ゾウリムシなど），からだが多くの細胞でできている生物を多細胞生物（ヒト，タマネギなど）という。

## 3 生物のふえ方

- **無性生殖**…受精によらない生殖。分裂やさし木など。

- **有性生殖**…雄の生殖細胞（精子，精細胞）の核と雌の生殖細胞（卵，卵細胞）の核が合体（受精）して新しい個体がふえる生殖。

- **減数分裂**…生殖細胞がつくられるときに行われる細胞分裂。染色体数がもとの細胞の半分となる。

- **動物の有性生殖**…受精卵が細胞分裂して**胚**になる。受精卵が成体になるまでを**発生**という。

- **植物の有性生殖**…被子植物は受粉後，**花粉管**がのびて受精が行われ受精卵ができる。受精卵は細胞分裂して**胚**になる。**胚珠**は種子に，**子房**は果実になる。

# 入試問題で実力チェック！

**1** 顕微鏡のピントの合わせ方を示した次の□□□の中の手順が正しくなるように，下の**ア**〜**エ**を並びかえよ。〈新潟県〉 **➡P.48 1**　　　[　　　→　　　→　　　→　　　]

> プレパラートをステージの中央にのせ，
> →（　　　　）→（　　　　）→（　　　　）→（　　　　）→ピントを合わせる。

**ア** 接眼レンズをのぞきながら　　**イ** プレパラートと対物レンズを近づけ
**ウ** 顕微鏡を横から見ながら　　　**エ** プレパラートと対物レンズの間を徐々に広げ

正答率 82%

**2** 無性生殖の例を，次の**ア**〜**オ**から2つ選べ。〈北海道〉 **➡P.48 3**　　　[　　　　　　]

**ア** マツのマツカサの中に種子ができた。
**イ** アメーバのからだが2つに分裂した。
**ウ** ピーマンの果実の中に種子ができた。
**エ** ハムスターの雌が子をうんだ。
**オ** ジャガイモのいもから芽が出てきた。

**3** 生物のふえ方について，次の問いに答えなさい。〈佐賀県〉 **➡P.48 3**

(1) **図1**のように，砂糖水を1滴落としたスライドガラスの上に，筆の先につけた花粉をまばらになるように落とし，花粉が変化するようすをときどき観察した。観察しないときは，スライドガラスを水が入ったペトリ皿の中に入れ，ふたをしておく必要がある。なぜそのようにする必要があるのか。理由を簡単に書け。

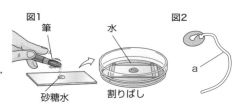

図1　筆　砂糖水
水　割りばし
図2　a

> **ヒント** 実際の花粉がつく柱頭はいつもしめっている。

[　　　　　　　　　　　　　　　　　　　　　]

(2) スライドガラスをときどきとり出して顕微鏡で観察したら，**図2**のように花粉からaの部分がのび出していた。aは何か。その名称を書け。　　[　　　　　　]

(3) **図3**は，花粉が柱頭につき，**図2**のaが胚珠に向かってのびていったようすを示したものである。aの中にあるbは何という細胞か。その名称を書け。　　　　[　　　　　　]

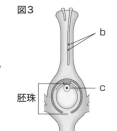

図3　b　胚珠　c

(4) **図3**のbの核とcの核が合体したあと，胚珠が種子になったとき，cは何になっているか。その名称を書け。

[　　　　　　]

(5) 多くの植物や動物では，新しい個体がつくられるときに，受精によって雄からの核と雌からの核が合体する。このような生殖のしかたを何というか。その名称を書け。　　[　　　　　　]

(6) 受精による生殖では，分裂による生殖とちがい，新しくできる個体は，もとの個体と比べてどのような特徴があるか。簡単に書け。

[　　　　　　　　　　　　　　　　　　　　　]

**4** 次の実験について，あとの問いに答えなさい。〈長崎県〉　➡P.48 **2**

〔実験〕　発芽したエンドウの根に，**図1**のように先端から等間隔にA～Dの
印をつけ，実験開始から一定時間ごとにAB間，BC間，およびCD
間の長さを測定した。**図2**はその結果を表したものである。

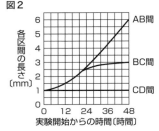

次に，48時間後の根をA～Dを含むように先端から切り取り，①約
60℃のうすい塩酸に数分間つけた後，水洗いした。その根のA～Dの
各部を切り取り，それぞれを別のスライドガラスにのせ，②染色液を
1滴落としてカバーガラスをかけ，押しつぶしてプレ
パラートをつくった。**図3**は，それらのプレパラートを，
顕微鏡を用いて600倍で観察したときの細胞のスケッチ
である。

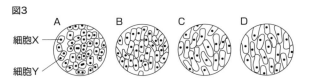

図3

(1)　下線部①は，細胞を観察しやすくするためのはたらきがある。それはどのようなはた
らきか。細胞分裂を止めるはたらき以外で，簡単に説明せよ。
[　　　　　　　　　　　　　　　　　　　　　　　　　　　　　　　　　　　　　　　]

(2)　下線部②は，核や染色体のようすを観察するときに使う。この染色液の名称を答えよ。
[　　　　　　　　　　　　　　　]

(3)　**図2**より，実験開始から48時間後のAB間の長さは，実験開始時から何mm伸びたか。
[　　　　　　　　　　　　　　　]

(4)　根の成長について，**図2**および**図3**からわかることを説明した文として最も適当なも
のは，次のどれか。　　　　　　　　　　　　　　　　　　　　[　　　　　　　　　]
　**ア**　実験開始後22時間までは各区間の長さは同じである。
　**イ**　BC間の細胞の大きさは変化しない。
　**ウ**　A，B，C，Dの各部で細胞分裂が起こっている。
　**エ**　根は細胞分裂と細胞が大きくなることによって成長する。

(5)　**図4**は，**図3**中の細胞Xがもつ染色体のうち，一部の染色体のよ
うすを模式的に表したものである。細胞分裂が完了した直後の細胞
Y1個に含まれる染色体の組み合わせとして最も適当なものは，次
のどれか。

[　　　　　　　　　]

**5** 次の文は，身近な生物の生殖について調べた記録である。(1)～(5)の問いに答えなさい。

〈福島県〉 **➡P.48 3**

「ゾウリムシの生殖」 <sub>a</sub>単細胞生物のなかまであるゾウリムシを，顕微鏡を
用いて観察したところ，**図1**のように，くびれができているゾウリムシが見
られた。このゾウリムシについて調べたところ，分裂という無性生殖を行っ
ているようすであることがわかった。

図1

「アマガエルの生殖」 アマガエルが行う生殖について調べた
ところ，**図2**のように，卵や精子がつくられるときに<sub>b</sub>体細胞
分裂とは異なる特別な細胞分裂が行われ，受精によって子が
つくられる，有性生殖を行うことがわかった。

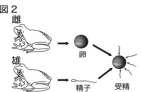

図2

**正答率78%** (1) 下線部aとしてあてはまらないものを，次の**ア～エ**の中から1つ選べ。

[          ]

**ア** アメーバ 　**イ** ミカヅキモ 　**ウ** ミジンコ 　**エ** ミドリムシ

**正答率25%** (2) ゾウリムシについて述べた文として正しいものを，次の**ア～エ**の中から1つ選べ。

[          ]

**ア** からだの表面に，食物をとりこむところがある。
**イ** からだの表面の細かい毛から養分を吸収する。
**ウ** 植物のなかまでもあり，細胞内の葉緑体で光合成を行う。
**エ** さまざまな組織や器官が集まって個体がつくられている。

(3) 下線部bについて，次の①，②に答えよ。

**正答率82%** ① この特別な細胞分裂は何とよばれるか。書け。 [          ]

**正答率75%** ② **図3**は，アマガエルの細胞が体細胞分裂または特別な細胞分裂を
行ったときにおける，分裂前後の細胞の染色体の数を模式的に表し
たものである。X，Yにあてはまる，分裂後の細胞の染色体の数と，
卵や精子の染色体の数の組み合わせとして最も適当なものを，右の
**ア～オ**の中から1つ選べ。

[          ]

|  | X | Y |
|---|---|---|
| **ア** | 6本 | 6本 |
| **イ** | 12本 | 6本 |
| **ウ** | 12本 | 12本 |
| **エ** | 24本 | 6本 |
| **オ** | 24本 | 12本 |

**正答率52%** (4) ある動物の両親を親A，親Bとし，この両親からできた子を子C
とする。**図4**は，親A，子Cのからだをつくる細胞の染色体を，模
式的に表したものである。□□に入る可能性のある，親Bのからだを
つくる細胞の染色体をすべて表したものを，右の**ア～オ**の中から1
つ選べ。 [          ]

| | 親B | |
|---|---|---|
| **ア** | ‖‖ | ‖‖ |
| **イ** | ‖‖ | ‖ |
| **ウ** | ‖ | |
| **エ** | ‖‖ | ‖ |
| **オ** | ‖ | |

**正答率27%** (5) 無性生殖における，染色体の受けつがれ方と子の形質の特徴を，
「体細胞分裂により子がつくられるため，」という書き出しに続けて，
「親」という言葉を用いて書け。

[ 体細胞分裂により子がつくられるため，

]

# 植物の特徴と分類

出題率 **59.0%**

## 1 ルーペ

■ **観察するものが動かせるとき**…ルーペを目に近づけて持ち，観察するものを前後に動かしてピントの合う位置を探す。

■ **観察するものが動かせないとき**…ルーペを目に近づけて持ち，自分が前後に動いてピントの合う位置を探す。

ルーペ

## 2 種子植物

■ **種子植物**…花を咲かせ，種子でなかまをふやす植物。被子植物と裸子植物に分けられる。

・**被子植物**…花の中心にはめしべがあり，めしべ（柱頭・子房）を囲むように，おしべ（やく），花弁，がくがついている。胚珠は子房の中にある。

・**裸子植物**…子房がなく胚珠がむき出しになっている。

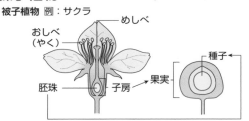

被子植物 例：サクラ

おしべ（やく）　めしべ　胚珠　子房　果実　種子

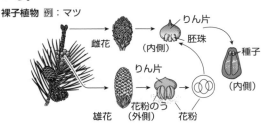

裸子植物 例：マツ

雌花　りん片　胚珠（内側）　種子（内側）　雄花　りん片　花粉のう（外側）　花粉

■ **双子葉類と単子葉類**…被子植物は，双子葉類と単子葉類に分けられる。

## 3 種子をつくらない植物

■ **シダ植物やコケ植物**…種子をつくらず（花も咲かない），胞子でなかまをふやす。

> **よくでる**　シダ植物：胞子でなかまをふやす。根・茎・葉の区別がある。
> コケ植物：胞子でなかまをふやす。根・茎・葉の区別がない。

**よくでる**　植物のなかま分け

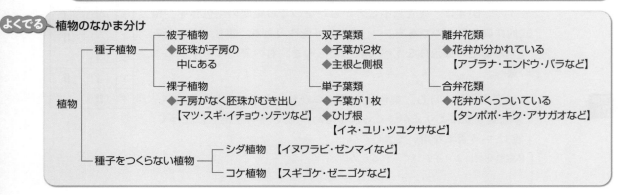

植物
- 種子植物
  - 被子植物　◆胚珠が子房の中にある
    - 双子葉類　◆子葉が2枚　◆主根と側根
      - 離弁花類　◆花弁が分かれている【アブラナ・エンドウ・バラなど】
      - 合弁花類　◆花弁がくっついている【タンポポ・キク・アサガオなど】
    - 単子葉類　◆子葉が1枚　◆ひげ根【イネ・ユリ・ツユクサなど】
  - 裸子植物　◆子房がなく胚珠がむき出し【マツ・スギ・イチョウ・ソテツなど】
- 種子をつくらない植物
  - シダ植物【イヌワラビ・ゼンマイなど】
  - コケ植物【スギゴケ・ゼニゴケなど】

**1** 花のつくりを調べる観察を行った。下の問いに答えなさい。〈長崎県〉 →P.52 **2**

〔観察1〕 アブラナの1つの花をとって，外側から分解すると，**図1**のア〜エのようになった。

〔観察2〕 タンポポの1つの花をとってスケッチしたら，**図2**のようになった。

〔観察3〕 アブラナの花粉を，**図3**のようにして顕微鏡で観察すると，花粉管がのびはじめているのが見えた。

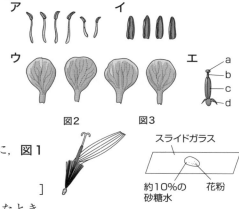

(1) 観察1で外側から中心へ花を分解した順に，**図1**のア〜ウを並べかえよ。

[　　　　　　　　　　　　]

(2) 観察3で見られる花粉の変化は，受粉したとき，**図1**の**エ**のa〜dのどこで起こるか。

**ヒント** 花粉が柱頭につくことを受粉という。 [　　　　　　　]

(3) アブラナでは，**図1**の**エ**のa〜dのどこに種子ができるか。 [　　　　　　　]

(4) タンポポの果実が遠くへ運ばれるしくみについて，次の（ X ），（ Y ）に適する語を書き，説明せよ。 X[　　　　　　　] Y[　　　　　　　]

タンポポの果実には，（ X ）がついていて，（ Y ）によって遠くに運ばれる。

**2** 次の文を読んで，あとの各問いに答えなさい。

はるかさんは，学校とその周辺の植物を観察した。また，観察した植物について，その特徴をもとに，分類を行った。そして，観察したことや分類した結果を，次の①〜③のようにノートにまとめた。〈三重県〉 →P.52 **2 3**

【はるかさんのノートの一部】

① 学校の周辺で，マツ，アブラナ，ツツジを観察した。**図1**は，マツの雌花と雄花のりん片を，**図2**，**図3**は，それぞれアブラナの花と葉をスケッチしたものである。

② 学校で，イヌワラビとスギゴケを観察した。**図4**，**図5**は，それぞれ観察したイヌワラビとスギゴケをスケッチしたものである。

③ **図6**は，観察した5種類の植物を，さまざまな特徴によって分類した結果である。

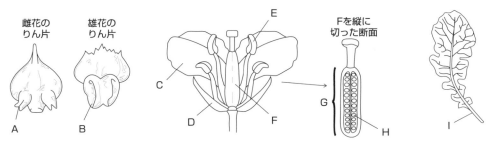

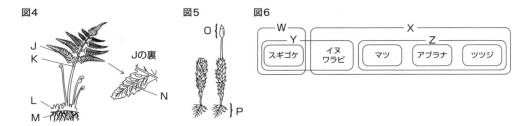

図4　　　　　　　　図5　　　図6

(1)　①について，次の(a)〜(d)の各問いに答えよ。

(a)　次の文は，生物を観察しスケッチするときの，理科における適切なスケッチのしかたについて説明したものである。文中の（あ），（い）に入る言葉はそれぞれ何か。下のア〜オから最も適当なものを1つずつ選び，その記号を書け。

あ[　　　　　　　]　い[　　　　　　　]

> スケッチは，（　あ　）線と点で（　い　）かく。

**ア**　細い　　**イ**　太い　　**ウ**　ぼやかして　　**エ**　はっきりと　　**オ**　二重書きして

(b)　**図1**のAを何というか，その名称を書け。また，**図2**のC，D，E，G，Hのうち**図1**のAと同じはたらきをする部分はどれか，C，D，E，G，Hから最も適当なものを1つ選び，その記号を書け。

名称[　　　　　　　]　記号[　　　　　　　]

(c)　アブラナのように，**図2**のHがGの中にある植物を何植物というか，その名称を書け。

[　　　　　　　]

(d)　**図3**のアブラナの葉のつくりから予想される，アブラナの子葉の枚数と茎の横断面の特徴を模式的に表したものはどれか，次の**ア〜エ**から最も適当なものを1つ選び，その記号を書け。

[　　　　　　　]

|  | ア | イ | ウ | エ |
|---|---|---|---|---|
| 子葉の枚数 | 1枚 | 1枚 | 2枚 | 2枚 |
| 茎の横断面 |  |  |  |  |

(2)　③について，WとXのグループを比較したとき，Xのグループのみに見られる特徴はどれか，また，YとZのグループを比較したとき，Zのグループのみに見られる特徴はどれか，次の**ア〜エ**から最も適当なものを1つずつ選び，その記号を書け。

X[　　　　　　　]　Z[　　　　　　　]

**ア**　葉・茎・根の区別がある。　　**イ**　根がひげ根である。
**ウ**　種子をつくる　　　　　　　**エ**　葉緑体がある。

**3** 植物のからだのつくりを調べるために，次の観察を行った。図1～4は，観察した植物のつくりをスケッチしたものである。あとの問いに答えなさい。〈福島県・改〉 ➡P.52 **1**～**3**

〔観察〕 Ⅰ　マツの雌花と雄花からりん片をピンセットではがし，それぞれをルーペで観察した。（**図1**）

　　　　Ⅱ　アブラナの花からめしべをとり外し，めしべのふくらんだ部分を縦に切って断面のようすをルーペで観察した。（**図2**）

　　　　Ⅲ　イヌワラビの葉の裏についている茶色いものの一部を取り出し，顕微鏡（150倍）で観察した。（**図3**）

　　　　Ⅳ　コスギゴケの雌株と雄株をそれぞれルーペで観察した。（**図4**）

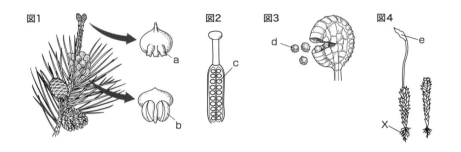

(1)　次の文は，ルーペの正しい使い方について説明したものである。①，②にあてはまるものは何か。それぞれ**ア**，**イ**のどちらかを選べ。

①[　　　　　　] ②[　　　　　　]

　観察するものを手にとり，レンズと目が平行になるようにして，ルーペをできるだけ①{**ア** 目　**イ** 観察するもの}に近づける。次に，②{**ア** ルーペ　**イ** 観察するもの}を動かしながら，よく見える位置をさがす。

(2)　観察した4つの植物すべてに共通する特徴は何か。次の**ア**～**エ**から1つ選べ。

[　　　　　　]

**ア** 花弁がある。　　　　　　　　**イ** 葉緑体がある。
**ウ** おしべとめしべがある。　　　　**エ** 根，茎，葉の区別がある。

**ヒント** 植物は光合成を行う。

(3)　種子になる部分を，図中のa～eから2つ選べ。　　　[　　　　　　]

(4)　**図4**のXは，おもにどのようなはたらきをするか。20字以内で書け。

[　　　　　　]

(5)　次の文は，マツとアブラナの花のつくりのちがいを述べたものである。①にあてはまる言葉を書き，②にあてはまる植物を下の**ア**～**オ**からすべて選べ。

①[　　　　　　] ②[　　　　　　]

　アブラナは　①　が子房の中にあるが，マツは　①　がむき出しになっている。マツのような特徴をもつ植物のなかまを裸子植物といい，例として　②　があげられる。
**ア** ツバキ　　　**イ** ソテツ　　　**ウ** アジサイ　　　**エ** スギ　　　**オ** ツツジ

# 植物のつくりとはたらき

## **1** 根，茎，葉のつくりとはたらき

- **根**…根は植物の**からだを支え**，**水や養分を吸収**する。また，根の先端の**根毛**により，効率よく水や養分を吸収できる。

- **維管束**…**道管**（根で吸収した水や水にとけた養分が通る）と**師管**（葉でつくられた栄養分が通る）が束になっている部分。

- **葉**…葉の表面には**葉脈**（葉の維管束）や**気孔**がある。

  ・気孔…三日月形の**孔辺細胞**に囲まれたすきま。酸素や二酸化炭素の出入り口，水蒸気の出口。いっぱんに**葉の裏側**に多い。

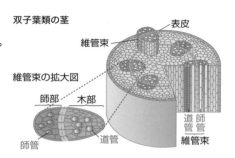

双子葉類の茎

表皮
維管束
維管束の拡大図
師部　木部
師管
道管
道管　師管　維管束

## **2** 光合成と呼吸

- **光合成**…**葉緑体**中で，空気中からとり入れた**二酸化炭素**と，根から吸収した**水**を原料に，**光のエネルギー**を使って，**デンプン**などの有機物をつくるはたらき。

- **呼吸**…植物も動物と同じように呼吸を行っている。

- **光合成と呼吸**…**夜間は呼吸のみ**，日のあたる**昼間は光合成と呼吸の両方**を行う。昼間は光合成がさかんなので，全体として二酸化炭素をとり入れ，酸素を出しているように見える。

**よくでる** 光合成に必要な条件を調べる実験

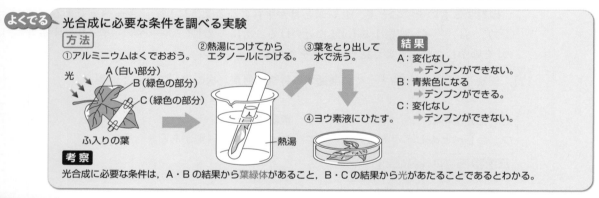

**方法**
①アルミニウムはくでおおう。
光　A（白い部分）　B（緑色の部分）　C（緑色の部分）
ふ入りの葉
②熱湯につけてからエタノールにつける。
熱湯
③葉をとり出して水で洗う。
④ヨウ素液にひたす。

**結果**
A：変化なし
➡デンプンができない。
B：青紫色になる
➡デンプンができる。
C：変化なし
➡デンプンができない。

**考察**
光合成に必要な条件は，A・Bの結果から**葉緑体**があること，B・Cの結果から**光**があたることであるとわかる。

## **3** 蒸散

- **蒸散**…植物体内の水が，**気孔から水蒸気**として空気中に出ていくこと。

  ・蒸散により，根からの水や養分の吸収をさかんにし，植物体の水分調節をする。

気孔　葉緑体
孔辺細胞

**よくでる** 蒸散のはたらきを調べる実験

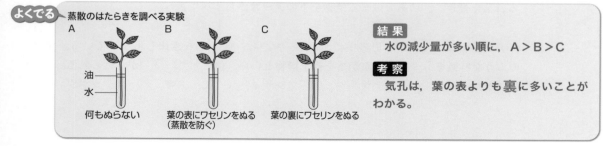

A　B　C
油
水
何もぬらない
葉の表にワセリンをぬる（蒸散を防ぐ）
葉の裏にワセリンをぬる

**結果**
水の減少量が多い順に，A＞B＞C

**考察**
気孔は，葉の表よりも**裏**に多いことがわかる。

**1** 次の観察について，あとの問いに答えなさい。〈新潟県〉 →P.56 **1**

〔観察〕 ツユクサの葉の裏側の表皮をはがし，顕微鏡で観察すると，
図のようなつくりが観察された。

正答率
85%
(1) 図のAの部分を何というか。 [                    ]

正答率
79%
(2) 図のAの部分を通して，植物のからだから水が水蒸気となって
出ていくはたらきを何というか。 [                    ]

正答率
80%
(3) 図のAの部分から入ってくる気体のうち，光合成の材料として使われるものは何か。

ヒント Aは酸素と二酸化炭素の出入り口，水蒸気の出口である。

[                    ]

**2** 次のⅠ，Ⅱの問いに答えなさい。〈長崎県〉 →P.56 **1 2**

Ⅰ 図1と図2は，それぞれ被子植物双子葉類の茎と葉の断面の一部
を模式的に表したものである。

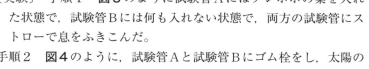

(1) 根からとり入れた水などは，茎と葉のどの部分を通るか。茎に
ついては図1のa，bから，葉については図2のc，dから，そ
れぞれ1つずつ選べ。

茎[          ] 葉[          ]

(2) 図1のX，図2のYは水や養分の通り道の集まりである。この
部分を何というか。 [                    ]

Ⅱ タンポポの葉のはたらきを調べるために，次の手順1～3で実験を行った。

〔実験〕 手順1 図3のように試験管Aにはタンポポの葉を入れ
た状態で，試験管Bには何も入れない状態で，両方の試験管にス
トローで息をふきこんだ。

手順2 図4のように，試験管Aと試験管Bにゴム栓をし，太陽の
光を30分間あてた。

手順3 試験管Aと試験管Bに，それぞれ静かに少量の石灰水を入
れ，再びゴム栓をしてよくふった。

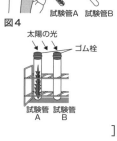

よく
でる
(3) 実験でタンポポの葉を入れた試験管Aと，何も入れない試験管
Bを用意したように，調べたいことの条件を1つだけ変え，それ
以外の条件を同じにして行う実験を何というか。

[                    ]

(4) 実験についてまとめた次の文の（ ① ）にはAまたはBを，（ ② ）には適する語句
を，ㅤ③ㅤには適する説明を入れて，文を完成せよ。

①[          ] ②[          ]

③[                    ]

> 手順3の結果，石灰水がより白くにごったのは試験管（ ① ）である。石灰水のにごり
> 方のちがいは，試験管内の（ ② ）の量に関係している。試験管A内と試験管B内で（ ② ）
> の量にちがいが見られた理由は，試験管A内で，ㅤㅤㅤ③ㅤㅤㅤと考えられる。

**3** 植物の光合成について調べるため，次の実験を行った。次の(1)から(3)までの問いに答えなさい。〈愛知県〉 ➡P.56 **2**

〔実験〕 ① ふ入りの葉をもつアサガオを，暗所に1日置いた。

② その後，**図1**のように，ふ入りの葉の一部分を紙とアルミニウムはくでおおい，光を十分にあてた。

③ ②の葉から紙とアルミニウムはくを外し，葉をあたためたエタノールにひたした後，水洗いした。

④ ③の葉をヨウ素液に浸して，**図2**のAからFまでの葉の部分の色の変化を観察した。

A：緑色の部分

B：緑色の部分，紙あり

C：緑色の部分，アルミニウムはくあり

D：緑色ではない部分

E：緑色ではない部分，紙あり

F：緑色ではない部分，アルミニウムはくあり

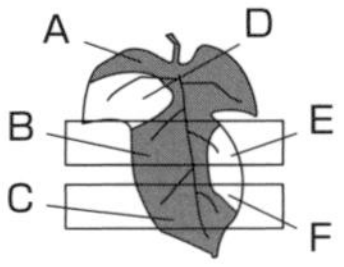

表は，〔実験〕の結果をまとめたものである。

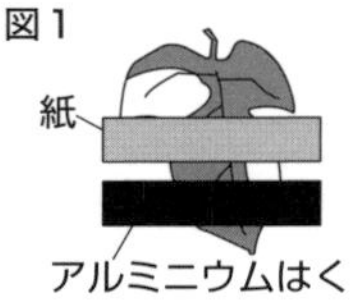

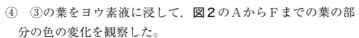

図1

図2

| 部分 | A | B | C | D | E | F |
|------|-----|---------|--------|--------|--------|--------|
| 色 | 青紫色 | うすい青紫色 | 変化なし | 変化なし | 変化なし | 変化なし |

図3

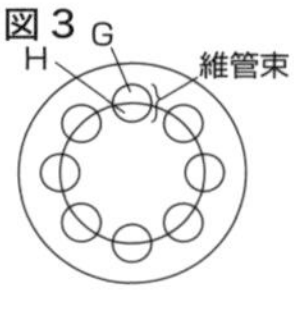

(1) アサガオは双子葉類である。**図3**は，双子葉類の茎の断面を模式的に示したものである。光合成によってつくられたデンプンは水にとけやすい物質になって植物のからだの各部に運ばれるが，この物質を運ぶ管があるのは**図3**のGとHのどちらの部分か。また，その管の名称を漢字2字で書け。　部分[　　　　　]　名称[　　　　　]

(2) 〔実験〕の①で，アサガオを暗所に置いた理由として最も適当なものを，次の**ア**から**ウ**までの中から，また，③でエタノールにひたす理由として最も適当なものを，次の**エ**から**カ**までの中からそれぞれ選んで，そのかな符号を書け。　①の理由[　　　　　]

**ア** 葉の中のデンプンをなくすため。　　　　　　　　③の理由[　　　　　]

**イ** 葉の呼吸のはたらきを止めるため。

**ウ** 葉からの蒸散を止めるため。

**エ** 葉の色をより濃い緑色にして，色の変化を見やすくするため。

**オ** 葉を脱色して，色の変化を見やすくするため。

**カ** 葉の細胞内での化学変化を活発にして，色の変化を見やすくするため。

(3) 次の文章は，〔実験〕の結果からわかることについて説明したものである。文章中の（　i　）と（　ⅱ　）にあてはまるものの組み合わせとして最も適当なものを，**ア**から**カ**までの中から選んで，そのかな符号を書け。　　　　　　　　[　　　　　]

　　**図2**の葉のAの部分と（　i　）の部分の実験結果の比較から，光合成に光が必要であることがわかる。また，葉のAの部分と（　ⅱ　）の部分の実験結果の比較から，光合成が葉緑体のある部分で行われることがわかる。

**ア** i：C ⅱ：D　　**イ** i：C ⅱ：F　　**ウ** i：D ⅱ：C

**エ** i：D ⅱ：F　　**オ** i：F ⅱ：C　　**カ** i：F ⅱ：D

**4** 植物の蒸散について調べるために，次の実験1，2，3，4を順に行った。

> 1　葉の数と大きさ，茎の長さと太さをそろえたアジサイの枝を3本用意し，水を入れた3本のメスシリンダーにそれぞれさした。その後，それぞれのメスシリンダーの水面を油でおおい，図のような装置をつくった。
>
> 2　実験1の装置で，葉に何も処理しないものを装置A，すべての葉の表側にワセリンをぬったものを装置B，すべての葉の裏側にワセリンをぬったものを装置Cとした。
>
> 3　装置A，B，Cを明るいところに3時間置いた後，水の減少量を調べた。表は，その結果をまとめたものである。
>
> | | 装置A | 装置B | 装置C |
> |---|---|---|---|
> | 水の減少量〔cm³〕 | 12.4 | 9.7 | 4.2 |
>
> 4　装置Aと同じ条件の装置Dを新たにつくり，装置Dを暗室に3時間置き，その後，明るいところに3時間置いた。その間，1時間ごとの水の減少量を記録した。

　このことについて，次の(1)，(2)，(3)，(4)の問いに答えなさい。ただし，実験中の温度と湿度は一定に保たれているものとする。〈栃木県〉　→P.56 **3**

→P.56 **3**

正答率
80%

(1)　アジサイの切り口から吸収された水が，葉まで運ばれるときの通り道を何というか。

[　　　　　　　　　　　　　]

正答率
66%

(2)　実験1で，下線部の操作を行う目的を簡単に書け。

[　　　　　　　　　　　　　　　　　　　　　　　]

よく
でる

正答率
56%

正答率
60%

(3)　実験3の結果から，「葉の表側からの蒸散量」および「葉以外からの蒸散量」として，最も適切なものを，次の**ア**から**オ**のうちからそれぞれ1つ選び，記号で書け。

葉の表側からの蒸散量[　　　　　]

葉以外からの蒸散量　[　　　　　]

**ア**　0.6cm³　　**イ**　1.5cm³　　**ウ**　2.7cm³　　**エ**　5.5cm³　　**オ**　8.2cm³

正答率
50%

正答率
6%

(4)　実験4において，1時間ごとの水の減少量を表したものとして，最も適切なものはどれか。また，そのように判断できる理由を，「気孔」という語を用いて簡単に書け。

減少量[　　　　　]

理由[　　　　　　　　　　　　　　　　　　　　　　　]

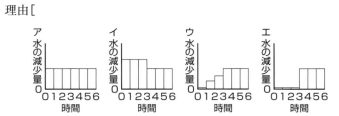

# 動物の特徴と分類

## 1 動物の分類

- **脊椎動物**…背骨のある動物。魚類・両生類・は虫類・鳥類・哺乳類に分けられる。

**よくでる**

▼脊椎動物のなかまの比較

|  | 魚類 | 両生類 | は虫類 | 鳥類 | 哺乳類 |
|---|---|---|---|---|---|
| 呼吸 | えら呼吸 | 幼体：えら呼吸と皮膚呼吸<br>成体：肺呼吸と皮膚呼吸 | 肺呼吸 | 肺呼吸 | 肺呼吸 |
| からだの表面 | うろこ | うすくしめった皮膚 | うろこ | 羽毛 | 毛 |
| 子のうみ方 | 卵生 | 卵生 | 卵生 | 卵生 | 胎生 |
| 子のふやし方 | 殻のない卵／水中 | 殻のない卵／水中 | 殻のある卵／陸上 | 殻のある卵／陸上 | 子をうむ／陸上 |
| 生活場所 | 水中 | 幼体：水中<br>成体：水中・陸上 | おもに陸上 | 陸上 | 陸上 |
| なかまの例 | サメ・エイ・チョウザメ・コイ・タツノオトシゴ・タイ・ウナギ | アマガエル・オオサンショウウオ・ヒキガエル・イモリ | ヘビ・トカゲ・ヤモリ・カメ・ワニ・カメレオン | スズメ・ワシ・カモ・ツバメ・ハト・ダチョウ・ペンギン・ニワトリ | ヒト・サル・コウモリ・ライオン・シマウマ・カンガルー・カモノハシ・クジラ |

- **無脊椎動物**…背骨のない動物。**節足動物・軟体動物**など。

  ○節足動物…からだが**外骨格**でおおわれ，からだやあしに**節**のある動物。

  - **昆虫類**：からだが**頭部・胸部・腹部**からなり，**胸部に3対のあし**がある。**気門**から空気をとりこんで呼吸する。(例)カブトムシ・チョウ・バッタなど
  - **甲殻類**：からだが**頭胸部・腹部**，または頭部・胸部・腹部からなる。水中生活するものが多く，えらなどで呼吸する。(例)ミジンコ・エビ・カニなど
  - その他の節足動物：(例)クモ・ムカデなど

  ○軟体動物：からだが**外とう膜**でおおわれている動物。(例)イカ・タコ・アサリ・マイマイなど
  ○その他のグループ：(例)ウニやヒトデを含むグループ，ミミズを含むグループなど

## 2 動物と食物

- **草食動物**…植物を食べる。広い範囲が見渡せるように**目は顔の横**についている。また，**門歯**と**臼歯**が発達している。

- **肉食動物**…他の動物を食べる。えものまでの正確な距離がはかれるように，**目は前向き**についている。**犬歯**と**臼歯**が発達している。

# 入試問題で実力チェック！

**1** ともこさんは，理科の自由研究で動物のからだのつくりや生活のしかたについて調べた。次の表は，ともこさんが脊椎動物のグループの特徴についてまとめた表の一部である。このことについて，あとの問いに答えなさい。〈高知県〉 →P.60 **1**

|  | 魚類 | 両生類 | は虫類 | 鳥類 | 哺乳類 |
|---|---|---|---|---|---|
| おもな生活場所 | 水中 | 子：水中<br>おとな：陸上 | 陸上 | 陸上 | 陸上 |
| からだの表面のようす | うろこでおおわれている。 | しめった皮膚でおおわれている。 | A | 羽毛でおおわれている。 | 毛でおおわれている。 |
| 子のうまれ方 | 卵生 | 卵生 | 卵生 | 卵生 | B |
| 動物の例 | コイ，フナ | C | D | ハト，ツバメ | ウサギ，サル |

**正答率 75%**
(1) 表中の ［ A ］ にあてはまるものとして正しいものを，次の**ア〜エ**から１つ選べ。
［　　　　　　　　］

**ア** うろこでおおわれている。　**イ** しめった皮膚でおおわれている。
**ウ** 羽毛でおおわれている。　**エ** 毛でおおわれている。

(2) 表中の ［ B ］ は，卵が母体内である程度育ち，子としてのからだができてからうまれる哺乳類の子のうまれ方を示している。［ B ］にあてはまる子のうまれ方を何というか。
［　　　　　　　　］

(3) 表中の ［ C ］・［ D ］ にあてはまる動物の組み合わせとして正しいものを，次の**ア〜エ**から１つ選べ。　［　　　　　　　　］
**ア** Ｃ－イモリ　Ｄ－カメ　　**イ** Ｃ－カエル　Ｄ－イモリ
**ウ** Ｃ－トカゲ　Ｄ－ヘビ　　**エ** Ｃ－ヘビ　　Ｄ－カエル

(4) 両生類の一生における呼吸のしかたについて，呼吸器官の名称を使って簡単に書け。
［　　　　　　　　　　　　　　　　　　　　　　］

**ヒント** おもな生活場所に注目して考える。

**2** 表は，無脊椎動物を分類したものである。次の問いに答えなさい。〈岐阜県〉 →P.60 **1**

| 節足動物 | 軟体動物 | その他 |
|---|---|---|
| ザリガニ<br>バッタ<br>クモ | マイマイ<br>イカ<br>クリオネ | ヒトデ<br>ウニ<br>ミミズ |

**正答率 77%**
(1) 節足動物の特徴として適切なものを，**ア〜エ**から２つ選び，符号で書け。
［　　　　　　　　］

**ア** 背骨がある。　　　　　　　　　　　　　　**イ** からだが外骨格でおおわれている。
**ウ** 内臓がある部分が外とう膜で包まれている。**エ** からだとあしに節がある。

**正答率 67%**
(2) 軟体動物に分類されるものを，**ア〜オ**からすべて選び，符号で書け。
［　　　　　　　　］

**ア** ミジンコ　　**イ** タコ　　　**ウ** ハマグリ　　**エ** カブトムシ　　**オ** カニ

# 遺伝

## 1 遺伝

- **形質と遺伝**…からだの特徴となる形や性質を**形質**といい，親の形質が子に伝わることを**遺伝**という。
- **遺伝子**…核の中の**染色体**にあり，形質を決める遺伝情報がある。遺伝子の本体は**DNA**（デオキシリボ核酸）。DNAは，2本の長いくさりが対になって**二重らせん**状になった物質である。
- **顕性形質と潜性形質**
  - ・顕性形質：対になっている異なる形質（対立形質）の純系を交配したとき，**子に現れる形質**。ふつう，遺伝子は大文字で表す（A，Bなど）。
  - ・潜性形質：対になっている異なる形質の純系を交配したとき，**子に現れない形質**。ふつう，遺伝子は小文字で表す（a，bなど）。

## 2 遺伝の規則性

- **分離の法則**…メンデルが発見。生殖細胞ができるとき，対になっていた遺伝子は，それぞれ**別々の生殖細胞に入る**。

**よくでる**

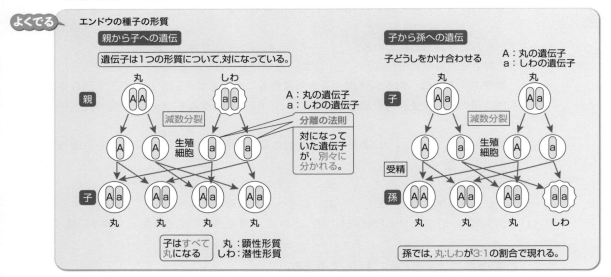

エンドウの種子の形質

## 3 生物の進化

- **進化**…長い年月をかけて代を重ねる間に，生物がさまざまに変化すること。
- **始祖鳥**…は虫類と鳥類の両方の特徴をもつ。は虫類から鳥類への**進化の証拠**と考えられている。
  - ・は虫類の特徴：**歯**，**つめ**をもつ。**尾に骨**がある。
  - ・鳥類の特徴：**翼と羽毛**をもつ。
- **相同器官**…現在では形やはたらきが異なるが，**骨格の基本的なつくりは同じ**で，共通の祖先からの進化と考えられる器官。

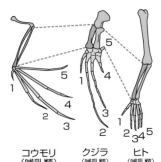

コウモリ（哺乳類）　クジラ（哺乳類）　ヒト（哺乳類）

# 入試問題で実力チェック！

解答解説 別冊 P.20

**1** 遺伝の規則性を調べるために，エンドウを用いて，次の実験1，2を順に行った。

> 1　丸い種子としわのある種子をそれぞれ育て，かけ合わせたところ，子には，丸い種子としわのある種子が1：1の割合でできた。
> 2　実験1で得られた，丸い種子をすべて育て，開花後にそれぞれの個体において自家受粉させたところ，孫には，丸い種子としわのある種子が3：1の割合でできた。
> 図は，実験1，2の結果を模式的に表したものである。

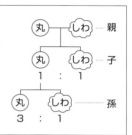

このことについて，次の(1)，(2)，(3)の問いに答えなさい。〈栃木県〉 **➡P.62 1 2**

(1)　エンドウの種子の形の「丸」と「しわ」のように，どちらか一方しか現れない形質どうしのことを何というか。[　　　　　　　　]

(2)　種子を丸くする遺伝子をA，種子をしわにする遺伝子をaとしたとき，子の丸い種子が成長してつくる生殖細胞について述べた文として，最も適切なものはどれか。[　　　　　　　　]

**ア**　すべての生殖細胞がAをもつ。

**イ**　すべての生殖細胞がaをもつ。

**ウ**　Aをもつ生殖細胞と，aをもつ生殖細胞の数の割合が1：1である。

**エ**　Aをもつ生殖細胞と，aをもつ生殖細胞の数の割合が3：1である。

(3)　実験2で得られた孫のうち，丸い種子だけをすべて育て，開花後にそれぞれの個体において自家受粉させたとする。このときできる，丸い種子としわのある種子の数の割合を，最も簡単な整数比で書け。[　　　　　　　　]

**2** Tさんは，ヒト以外の動物の骨格がどのようなつくりをしているかについて興味をもち，哺乳類の骨格のようすについて調べた。あとの問いに答えなさい。〈埼玉県〉 **➡P.62 3**

> **調べてわかったこと**
>
> 　ヒトのうで，コウモリのつばさ，クジラのひれの骨格を比べると，見かけの形やはたらきは異なっていても基本的なつくりは同じで，<u>もとは前あしであったと</u>考えられている。このように，もとは同じものであったと考えられる器官を　Ⅰ　といい，　Ⅰ　の存在が，生物が長い年月をかけて代を重ねる間に変化する，　Ⅱ　の証拠の1つとして考えられている。

**哺乳類の骨格のようす**

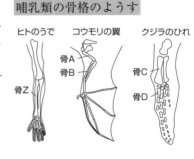

(1)　まとめの　Ⅰ　，　Ⅱ　にあてはまる語をそれぞれ書きなさい。

Ⅰ[　　　　　　　　]　Ⅱ[　　　　　　　　]

(2)　下線部について，コウモリのつばさとクジラのひれの骨格で，ヒトのうでの骨Zにあたる骨はそれぞれどれか。骨A～骨Dの組み合わせとして最も適切なものを，次の**ア**～**エ**の中から1つ選び，その記号を書け。[　　　　　　　　]

**ア**　コウモリ…骨A　クジラ…骨C　　　**イ**　コウモリ…骨A　クジラ…骨D

**ウ**　コウモリ…骨B　クジラ…骨C　　　**エ**　コウモリ…骨B　クジラ…骨D

# 気象の観測

## 1 気象観測

- **天気図**…同時刻に各地で観測された天気などを，天気図記号や等圧線（気圧の等しいところを結んだ曲線）を用いて地図上に表したもの。

- **雲量**…快晴：0〜1，晴れ：2〜8，くもり：9〜10

- **気温**…直射日光のあたらない，風通しのよい場所で，地上から**1.2〜1.5m**の高さではかる。

- **飽和水蒸気量**…空気1m³中に含むことので
きる最大の水蒸気量のこと。**気温が上がると大きくなり，気温が下がると小さくなる。**

**代表的な天気記号**

| 天気 | 快晴 | 晴れ | くもり | 雨 | 雪 |
|------|------|------|--------|----|----|
| 記号 | ○ | ◐ | ◎ | ● | ⊗ |

**天気図記号[天気・風向・風力]**
北東の風・風力4・天気晴れ
風向 — 風力 — 天気

**湿度表の読み方** （乾球15℃，湿球14℃の場合）

| 乾球の示度〔℃〕 | 乾球と湿球の示度の差〔℃〕 | | | | |
|---|---|---|---|---|---|
| | 0.0 | 0.5 | 1.0 | 1.5 | 2.0 |
| 16 | 100 | 95 | 89 | 84 | 79 |
| 15 | 100 | 94 | 89 | 84 | 78 |
| 14 | 100 | 94 | 89 | 83 | 78 |
| 13 | 100 | 94 | 88 | 82 | 77 |
| 12 | 100 | 94 | 88 | 82 | 76 |

> **よくでる** 湿度の求め方　・乾湿計の乾球と湿球の温度差から，湿度表で読みとる（上表参照）。
>
> ・湿度〔%〕＝ $\dfrac{\text{空気1m}^3\text{中に含まれる水蒸気量〔g/m}^3\text{〕}}{\text{その気温での飽和水蒸気量〔g/m}^3\text{〕}}$ ×100

## 2 風のふき方と雲のでき方

- **風のふき方**…気圧の高いところから低いところに向かってふく。等圧線の間隔が狭いところほど強い風がふいている。

- **高気圧と低気圧**…等圧線が閉じていて，まわりよりも気圧が高いところを**高気圧**といい，まわりよりも気圧が低いところを**低気圧**という。

- **露点**…空気中の水蒸気が飽和して凝結し，水滴になり始めるときの温度のこと。

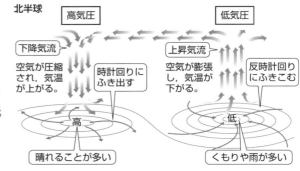

北半球　高気圧　　　低気圧

下降気流　空気が圧縮され，気温が上がる。　時計回りにふき出す　高

上昇気流　空気が膨張し，気温が下がる。　反時計回りにふきこむ　低

晴れることが多い　　くもりや雨が多い

## 3 圧力

- **圧力**…単位面積あたりに垂直にはたらく力の大きさ。単位は**Pa**（パスカル）または**N/m²**（ニュートン毎平方メートル）。

$$圧力〔Pa〕＝\frac{\text{面を垂直に押す力の大きさ〔N〕}}{\text{力がはたらく面積〔m}^2\text{〕}}$$

> **ミス注意**　・力がはたらく面積が同じとき，圧力は面を垂直に押す力の大きさに**比例**する。（力：イ＞ア　圧力：イ＞ア）
>
> ・面を垂直に押す力の大きさが同じとき，圧力は力がはたらく面積に**反比例**する。（面積：イ＞ウ　圧力：イ＜ウ）

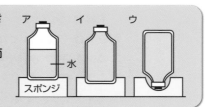

ア　イ　ウ
水
スポンジ

解答解説
別冊
P.21

# 入試問題で実力チェック！

**1** 右の図は，21日午後3時の気象情報を天気図記号で表したものである。このときの天気，風向を言葉で，風力を数字で書け。〈福島県〉 **➡P.64 1**

天気[　　　　　　] 風向[　　　　　　] 風力[　　　　　　]

**2** 天気予報などで用いられる気圧について述べた文として最も適当なものを，次の**ア〜エ**の中から1つ選び，記号を書け。〈佐賀県〉 **➡P.64 3** [　　　　　　]

**ア** 単位はhPa（ヘクトパスカル）が用いられ，1hPaは，1m²あたりに1Nの力がはたらいていることを表している。

**イ** 気圧が1000hPaよりも高いところを高気圧，1000hPaよりも低いところを低気圧という。

**ウ** 気圧は，空気にはたらく重力によって生じているので，標高が高くなるほど気圧は低くなる傾向がある。

**エ** 高気圧では周囲から中心に向かって風がふくため，中心では上昇気流が生じ，雲が発生することが多い。

**3** 図のように，直方体のレンガを表面が水平な板の上に置く。レンガのAの面を下にして置いたときの板がレンガによって受ける圧力は，レンガのBの面を下にして置いたときの板がレンガによって受ける圧力の何倍になるか。計算して答えよ。〈静岡県〉
**➡P.64 3** [　　　　　　]

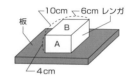

**4** 次の実験について，問いに答えなさい。〈沖縄県〉 **➡P.64 1**

〔実験〕 右の図のように金属製のコップにくみ置きの水を入れ，氷水を少しずつ加え水温が一様になるようにゆっくりかき混ぜながら，コップの表面のようすを観察した。水温が20℃になったとき，コップの表面に水滴がつき始めた。このときの室温が25℃であった。表は気温と飽和水蒸気量との関係である。

(1) 実験で，コップの表面の水滴はどのようにしてできたと考えられるか。次の**ア〜エ**から1つ選べ。 [　　　　　　]

| 気温〔℃〕 | 0 | 5 | 10 | 15 | 20 | 25 | 30 |
|---|---|---|---|---|---|---|---|
| 飽和水蒸気量〔g/m³〕 | 4.8 | 6.8 | 9.4 | 12.8 | 17.3 | 23.1 | 30.4 |

**ア** コップの中から水がしみ出して水滴がついた。

**イ** コップの中の水がはい上がって出て水滴ができた。

**ウ** コップに接する空気が冷やされて空気中の水蒸気が水滴となってできた。

**エ** コップのまわりの酸素が冷やされて水滴となった。

(2) 実験を行ったときの室内の湿度は何%であると考えられるか。次の**ア〜エ**から1つ選べ。 [　　　　　　]

**ア** 75% **イ** 80% **ウ** 85% **エ** 92%

**ヒント** 露点での飽和水蒸気量は，その空気中に含まれる水蒸気量である。

**5** ある日の12時に気象観測を行い，その結果をレポートにまとめた。**図1**，2は気象観測に用いた乾湿計の12時の乾球温度計と湿球温度計の目盛りを表している。あとの問いに答えなさい。なお，**表1**は乾湿計用湿度表の一部を，**表2**は気温と飽和水蒸気量の関係を表している。〈富山県〉
➡P.64 **1 2**

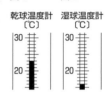

レポート
① 空全体の雲のようすをスケッチしたところ，図のように空全体の約半分が雲におおわれていた。なお，このとき雨は降っていなかった。
② 風向きを調べようとしたが，風向計で感じられなかった。そこで線香のけむりを使って調べると，北東の方角にけむりがなびいた。
③ 風向計で風向きを感じられず線香のけむりで風向きがわかったことから，風力を1とした。

表1

| | | 乾球と湿球の示度の差〔℃〕 | | | | | |
| | | 5.5 | 6.0 | 6.5 | 7.0 | 7.5 | 8.0 |
|---|---|---|---|---|---|---|---|
| 乾球の示度〔℃〕 | 23 | 55 | 52 | 48 | 45 | 41 | 38 |
| | 22 | 54 | 50 | 47 | 43 | 39 | 36 |
| | 21 | 53 | 49 | 45 | 41 | 38 | 34 |
| | 20 | 52 | 48 | 44 | 40 | 36 | 32 |
| | 19 | 50 | 46 | 42 | 38 | 34 | 30 |
| | 18 | 49 | 44 | 40 | 36 | 32 | 28 |
| | 17 | 47 | 43 | 38 | 34 | 30 | 26 |
| | 16 | 45 | 41 | 36 | 32 | 28 | 23 |

表2

| 気温〔℃〕 | 16 | 17 | 18 | 19 | 20 | 21 | 22 | 23 |
|---|---|---|---|---|---|---|---|---|
| 飽和水蒸気量〔g/m³〕 | 13.6 | 14.5 | 15.4 | 16.3 | 17.3 | 18.3 | 19.4 | 20.6 |

(1) 12時の天気を正しく表している天気図記号を，次の**ア〜カ**から1つ選び，記号で答えなさい。　　　　　　　　　　　　　　　　　　　　　　　[　　　　　　]

**ア　イ　ウ　エ　オ　カ**

(2) 12時の1m³中に含まれている水蒸気量は何gか。小数第2位を四捨五入して小数第1位まで求めよ。**ヒント** 湿度表を使って湿度を求め，その値から水蒸気量を考える。
　　　　　　　　　　　　　　　　　　　　　　　　　　　[　　　　　　]

(3) 気象観測を行った12時以降に，観測地点付近に低気圧が近づき，空全体が雲でおおわれた。低気圧の中心部では，空気は地上から上空に向かって移動するため，雲が発生することが多い。次の文は雲のでき方について説明したものである。文中のA〜Cの（　　）の中から，最も適切なものをそれぞれ1つずつ選び，記号で答えよ。また，空欄（　D　）には，適切な言葉を書け。　　　　A[　　　　　] B[　　　　　]
　　　　　　　　　　　　　　　　　　　　　　C[　　　　　] D[　　　　　]

　　空気のかたまりが上昇すると，周囲の気圧がA（**ア** 高くなる　**イ** 変わらない　**ウ** 低くなる）ため，空気のかたまりはB（**エ** 膨張　**オ** 収縮）する。すると，気温がC（**カ** 上がる　**キ** 下がる）ため（　D　）に達し，空気中に含みきれなかった水蒸気が水滴などに変わり雲ができる。

**6** 風のふき方について調べるために，次の調査・実験を行った。(1)〜(3)の問いに答えなさい。

〈大分県〉 ➡P.64 **2**

Ⅰ　風のふき方と気圧の関係をインターネットで調べると，気圧の差によって風がふくことがわかった。

Ⅱ　風のふき方と気温の関係を調べるために，**図1**のように，しきり板で水槽を2つに分けて，片方に氷を入れ，片方には木の台を置いた。その後，氷を入れた側に線香の煙を充満させ，しきり板を上に引き上げると，冷たい空気とあたたかい空気がたがいに接した。

図1

しきり板
水槽
線香の煙
氷　木の台

図2

照明
砂
水
赤外線放射温度計

Ⅲ　陸と海における，気温の上昇のしかたについて調べるために，**図2**のように，プラスチックの容器に同じ量の砂と水を入れ，それぞれに同じように照明の光をあて，1分ごとに10分間，赤外線放射温度計で砂と水の表面の温度を測定した。表はその結果をまとめたものである。

| 時間〔分〕 | | 0 | 1 | 2 | 3 | 4 | 5 | 6 | 7 | 8 | 9 | 10 |
|---|---|---|---|---|---|---|---|---|---|---|---|---|
| 温度〔℃〕 | 砂 | 34.3 | 35.4 | 37.1 | 36.7 | 37.3 | 36.9 | 37.7 | 37.4 | 38.4 | 38.4 | 38.4 |
| | 水 | 27.5 | 27.9 | 28.6 | 27.8 | 29.6 | 29.5 | 29.7 | 28.7 | 27.9 | 28.7 | 27.1 |

(1)　Ⅰで，北半球における低気圧の中心付近の風のふき方を模式的に表した図として最も適当なものを，**ア〜エ**から1つ選び，記号を書け。ただし，黒矢印（——→）は地上付近の風，白矢印（⇨）は，上昇気流または下降気流を表している。　[　　　　]

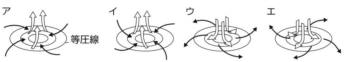

ア　等圧線　イ　ウ　エ

(2)　Ⅱで，しきり板を上に引き上げた後の，冷たい空気の流れを模式的に表した図として最も適当なものを，**ア〜エ**から1つ選び，記号を書け。ただし，矢印（——➡）は冷たい空気の流れを表している。　[　　　　]

ア　線香の煙　しきり板　氷　イ　ウ　エ

(3)　ユーラシア大陸（陸）と太平洋（海）にはさまれた日本列島で，夏の季節風がふく向きを表したものとして最も適当なものを，**ア〜エ**から1つ選び，記号を書け。また，そのように風がふく理由をⅡ，Ⅲの結果をもとに「陸」「海」「気温」という3つの語句を用いて書け。　**ヒント** 砂の方があたたまりやすい。

記号[　　　　]

理由[　　　　　　　　　　　　　　　　　]

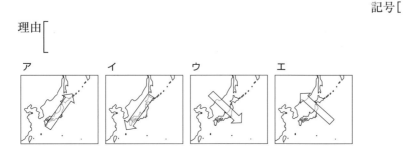

ア　イ　ウ　エ

# 太陽系と星の運動

## **1** 太陽のすがた

- **太陽**…気体でできていて，みずから光と熱を出している。
- **黒点**…太陽の表面に見られる黒い斑点。まわりより**温度が低い**（約4000℃）ため黒く見える。

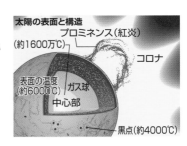

太陽の表面と構造
プロミネンス（紅炎）
（約1600万℃）
コロナ
表面の温度（約6000℃） ガス球
中心部
黒点（約4000℃）

## **2** 太陽系と惑星

- **恒星**…太陽のようにみずから光をはなつ天体。
- **惑星**…地球のように太陽のまわりを公転している天体。太陽の光を反射して光る。

  太陽系の惑星：水星，金星，地球，火星，木星，土星，天王星，海王星

- **金星の見え方**

  ○満ち欠けし，地球との距離によって見える大きさも変わる。

  ○内惑星のため**真夜中には見えない**。朝や夕方にのみ見える（**明けの明星，よいの明星**）。

  ○つねに太陽の方向に見える。

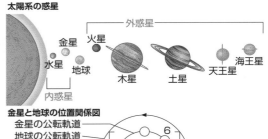

太陽系の惑星
外惑星
金星 火星
水星 地球 木星 土星 天王星 海王星
内惑星

金星と地球の位置関係図
金星の公転軌道
地球の公転軌道
よいの明星
太陽の方向にあるため見えない。
太陽
明けの明星
金星
夕方 明け方

金星の見え方（肉眼で見たときの形と大きさ）
1 2 3 4 5 6

## **3** 月の満ち欠け

- **月の満ち欠け**…月は太陽の光を反射して光っているので，太陽や地球との位置関係によって満ち欠けして見える。満ち欠けの周期は，1か月（約29.5日）。

> **ミス注意** 月は1回自転する間に，地球のまわりを1回公転する。→月は地球に同じ面を向けているように見える。新月は太陽の方向にあり，満月は太陽と反対方向にある。

> **よくでる** 月の見え方（地球と月の位置関係）
>
> 三日月（B）：日の入り（夕方）に南西の空にかがやき，2〜3時間後に西に沈む。
>
> 上弦の月（C）：日の入り（夕方）に南中し，真夜中に西に沈む。
>
> 満月（E）：日の入り（夕方）に東の空からのぼり，真夜中に南中し，明け方に西に沈む。

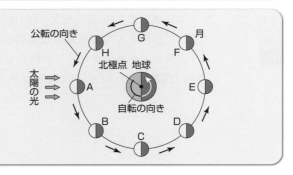

公転の向き
太陽の光
北極点 地球
自転の向き
G H F A E B C D 月

## **4** 日食と月食

- **日食**…「太陽－月－地球」と一直線に並んだとき，太陽が月にかくれる現象。
- **月食**…「太陽－地球－月」と一直線に並んだとき，月が地球の影に入る現象。

1 地球・太陽・月の位置関係によって，日食や月食，月の満ち欠けが起こる。次の問いに答えなさい。〈兵庫県〉 →P.68 3 4

図1は，地球・太陽・月の位置関係を示した模式図である。

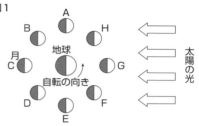

図1

(1) 日食が観測されるときの，月の位置として適切なものを，図1のA～Hから選べ。
[          ]

(2) 次の文の ☐ に入る適切な月の形の名称を書け。　[          ]

　　月食が起こるのは満月のときであり，日食が起こるのは ☐ のときである。

図2は，兵庫県のある場所で南中した月をスケッチしたものである。

(3) 図2の形に見える月の位置として適切なものを，図1のA～Hから1つ選べ。　[          ]

図2

(4) 同じ場所で，図2の月が見えた日から4日後に南中するときに見える月の形として考えられるものを，次のア～エから選べ。[          ]

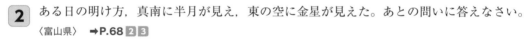

ア　イ　ウ　エ

2 ある日の明け方，真南に半月が見え，東の空に金星が見えた。あとの問いに答えなさい。
〈富山県〉 →P.68 2 3

(1) 図は，静止させた状態の地球の北極の上方から見た，太陽，金星，地球，月の位置関係を示したモデル図である。金星，地球，月は太陽の光があたっている部分（白色）と影の部分（黒色）をぬり分けている。この日の月と金星の位置はどこと考えられるか。月の位置はA～H，金星の位置はa～cからそれぞれ1つずつ選び，記号で答えよ。　月[          ]　金星[          ]

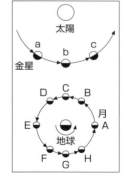

(2) この日のちょうど1年後に，同じ場所で金星を観察すると，いつごろ，どの方角の空に見えるか。次のア～エから1つ選び，記号で答えよ。ただし，地球の公転周期は1年，金星の公転周期は0.62年とする。　[          ]

　　ア　明け方，東の空に見える。　　　イ　明け方，西の空に見える。
　　ウ　夕方，東の空に見える。　　　　エ　夕方，西の空に見える。

(3) この日の2日後の同じ時刻に，同じ場所から見える月の形や位置として適切なものを，次のア～エから1つ選び，記号で答えよ。　　　　　　　　　　[          ]

　　ア　2日前よりも月の形は満ちていて，位置は西側に移動して見える。
　　イ　2日前よりも月の形は満ちていて，位置は東側に移動して見える。
　　ウ　2日前よりも月の形は欠けていて，位置は西側に移動して見える。
　　エ　2日前よりも月の形は欠けていて，位置は東側に移動して見える。

**3** 次の観察について、あとの問いに答えなさい。〈長崎県〉 **➡P.68 1**

〔観察〕 **図1**のような、太陽投影板をとりつけた天体望遠鏡を用
いて、太陽表面のようすを一日おきに観察し、太陽表面に
黒いしみのように見える黒点とよばれる点の位置や形の変
化を調べた。観察は、次の手順1～3で5回、それぞれ別
の日に行った。**図2**は、3回目の観察で記録した黒点のス
ケッチである。

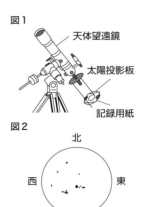

図1

天体望遠鏡
太陽投影板
記録用紙

図2

手順1 天体望遠鏡を太陽に向け、太陽投影板の上に固定
した記録用紙に映った太陽の像が、記録用紙にあらかじ
めかかれた円と一致し、はっきり見えるように調節した。
手順2 映った黒点のようすを記録用紙にスケッチした。
手順3 手順2のあと数分間待って、太陽の像が動いてい
く方向を確認し、その方向を西として記録用紙に方位を
記入した。

(1) 太陽のように、みずから光を出している天体のことを何というか。
[            ]

(2) 黒点以外の太陽表面の温度は約6000℃である。黒点部分の温度として最も適当なもの
は、次のどれか。 [            ]
  ア 約4000℃
  イ 約6000℃
  ウ 約8000℃
  エ 約10000℃

(3) 次の**ア～エ**は、観察で記録した**図2**以外の4回の黒点のスケッチである。太陽はほぼ
一定の速さで自転しているため、スケッチした黒点の位置は日々少しずつ変化している。
地球から見て太陽が自転によって1回転するのに約28日かかるとすると、**図2**の4日後
のスケッチとして最も適当なものは、次のどれか。なお、方位については手順3にした
がって記入していることに注意すること。 [            ]

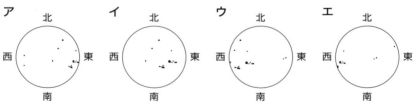

(4) **図2**や(3)の**ア～エ**に見られる黒点のようすから、太陽の形が球形であることがわかる。
その理由を、1つの黒点に注目し、その黒点の位置と形の変化にふれて説明せよ。
[            ]

(5) 宇宙には、太陽のような天体が数億個から数千億個集まってできた集団が多数存在す
る。それらの集団のうち、太陽が所属している、渦を巻いた円盤状の形をした集団を何
というか。 [            ]

**4** 福島県のある場所で，日の出前に南東の空を観察した。(1)～(5)の問いに答えなさい。

〈福島県〉　**➡P.68 2**

> 　午前6時に南東の空を観察すると，明るくかがやく天体A，天体B，天体Cが見えた。図は，このときのそれぞれの天体の位置をスケッチしたものである。
>
> 　また，天体Aを天体望遠鏡で観察すると，<sub>a</sub>ちょうど半分が欠けて見えた。
>
> 　その後も，<sub>b</sub>空が明るくなるまで観察を続けた。
>
> 　それぞれの天体についてコンピュータソフトで調べると，天体Aは金星，天体Bは木星であり，天体Cはアンタレスとよばれる恒星であることがわかった。

午前6時00分

・A
B・・C

東　　南東　　南

正答率73%

(1)　金星や木星は，恒星のまわりを回っていて，みずから光を出さず，ある程度の質量と大きさをもった天体である。このような天体を何というか，書け。

[　　　　　　　　　]

正答率54%

(2)　右の表は，金星，火星，木星，土星の特徴をまとめたものである。木星の特徴を表したものとして最も適切なものを，右のア～エの中から1つ選べ。

[　　　　　]

|  | 密度〔g/cm³〕 | 主な成分 | 公転の周期〔年〕 | 環の有無 |
|---|---|---|---|---|
| **ア** | 0.7 | 水素とヘリウム | 29.5 | 有 |
| **イ** | 1.3 | 水素とヘリウム | 11.9 | 有 |
| **ウ** | 3.9 | 岩石と金属 | 1.9 | 無 |
| **エ** | 5.2 | 岩石と金属 | 0.6 | 無 |

正答率33%

(3)　下線部aについて，このときの天体Aの見え方の模式図として最も適切なものを，次のア～オの中から1つ選びなさい。ただし，ア～オは，肉眼で観察したときの向きで表したものである。

[　　　　　　　　　]

ア　　　イ　　　ウ　　　エ　　　オ

正答率56%

(4)　下線部bについて，観察を続けると天体Cはどの方向に移動して見えるか。最も適切なものを，右のア～エの中から1つ選べ。

[　　　　　]

南東

正答率46%

(5)　次の文は，観察した日以降の金星の見え方について述べたものである。①，②に当てはまる言葉の組み合わせとして最も適切なものを，次のア～カの中から1つ選べ。

[　　　　　]

> 　15日おきに，天体望遠鏡を使って日の出前に見える金星を観察すると，見える金星の形は　①　いき，見かけの金星の大きさは　②　。

|  | ① | ② |
|---|---|---|
| **ア** | 欠けて | 大きくなっていく |
| **イ** | 欠けて | 変わらない |
| **ウ** | 欠けて | 小さくなっていく |
| **エ** | 満ちて | 大きくなっていく |
| **オ** | 満ちて | 変わらない |
| **カ** | 満ちて | 小さくなっていく |

# 天体の動きと地球の自転・公転

## 1 太陽の動き

- **太陽の日周運動**…地球の自転によって起こる太陽の見かけの動き。北半球で，太陽は東から南を通って西へ動いて見える。

- **太陽の南中高度**…夏至のころ最も高く，冬至のころ最も低い。

- **南中高度の変化と季節の変化**…南中高度が高いほど，昼の長さは長い。

  春分・秋分：昼と夜の長さが同じ。
  夏至：昼の長さが最も長く，夜の長さが最も短い。
  冬至：昼の長さが最も短く，夜の長さが最も長い。

季節による南中高度の変化

季節により南中高度は変わる。

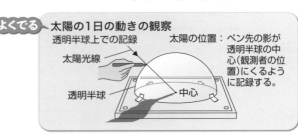

**よくでる** 太陽の1日の動きの観察

透明半球上での記録
太陽光線
透明半球
中心
太陽の位置：ペン先の影が透明半球の中心（観測者の位置）にくるように記録する。

## 2 星の動き

- **星の日周運動**…地球の自転によって起こる見かけの動き。**1時間に約15°**動いて見える。

北半球

北の空：北極星を中心に反時計回り
西← 北 →東

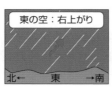

東の空：右上がり
北← 東 →南

南の空：東から西へ
東← 南 →西

西の空：右下がり
南← 西 →北

- **星の年周運動**…地球が太陽を中心に公転しているために起こる見かけの動き。**1か月に約30°東から西へ**動いて見える。

- **黄道**…天球上の太陽の見かけの通り道のこと。太陽は黄道上を**1日に約1°**移動しているように見える。

- **四季に見える代表的な星座**…春：しし座，夏：さそり座，秋：ペガスス座，冬：オリオン座

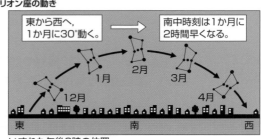

オリオン座の動き

東から西へ，1か月に30°動く。
南中時刻は1か月に2時間早くなる。

12月 1月 2月 3月 4月
東 南 西

いずれも午後8時の位置

## 3 地球の自転・公転

- **地球の自転**…地球は地軸を中心として，**西から東へ1日に1回転**している。地球は24時間で360°回転している（**1時間で約15°回転**）。

- **地球の公転**…地球は太陽のまわりを1年に1回，北極側から見て反時計回りに公転している（**1か月で約30°移動**）。

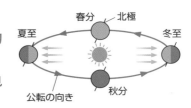

春分 北極
夏至 冬至
公転の向き 秋分

**1** 太陽は，天球上の見かけの通り道である黄道を移動しているように見える。このことについて，正しく述べているものはどれか。次の**ア**～**エ**から１つ選べ。〈鹿児島県〉 **➡P.72 2**

[　　　　　　　]

**ア** 地球が公転することにより，太陽が黄道を東から西に移動しているように見える。
**イ** 地球が公転することにより，太陽が黄道を西から東に移動しているように見える。
**ウ** 地球が自転することにより，太陽が黄道を東から西に移動しているように見える。
**エ** 地球が自転することにより，太陽が黄道を西から東に移動しているように見える。

**2** 右の図は，ある日に観察したオリオン座の動きを記録したものである。Ａは21時に見られたオリオン座の位置を示している。Ｂは何時に見られたオリオン座の位置を示したものか，書け。なお，日周運動により，オリオン座の位置はＡからＢに15°移動していた。〈北海道〉 **➡P.72 2**

[　　　　　　　]
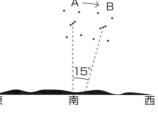

**3** カシオペヤ座は，秋分の日の明け方に右の図で示した位置に見えていた。秋分の日から１か月後の同じ時刻にカシオペヤ座はどの位置に見えるか。図の**ア**～**エ**から１つ選べ。〈鹿児島県〉
**➡P.72 2**

[　　　　　　　]

**4** 太陽と地球の関係について答えなさい。〈兵庫県〉 **➡P.72 3**

(1) 図は，太陽と公転軌道上の地球の位置関係を模式的に表したもので，**ア**～**エ**は春分，夏至，秋分，冬至のいずれかの地球の位置を表している。日本が夏至のときの地球の位置として適切なものを，図の**ア**～**エ**から１つ選んで，その符号を書け。 [　　　　]
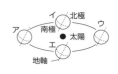

(2) 地球の自転と公転について説明した次の文の ① ， ② に入る語句の組み合わせとして適切なものを，あとの**ア**～**エ**から１つ選んで，その符号を書け。 [　　　　　]
地球を北極側から見たとき，地球の自転の向きは ① であり，地球の公転の向きは ② である。

**ア** ① 時計回り　② 時計回り　　**イ** ① 時計回り　② 反時計回り
**ウ** ① 反時計回り　② 時計回り　**エ** ① 反時計回り　② 反時計回り

**5** 図の記録から，太陽は透明半球上を東から西へ向かって動いているように見える。このような太陽の１日の見かけの動きを何というか。また，このように太陽が東から西へ向かって動いているように見える理由を，地球の運動とその向きに着目して「地軸」という語句を使い，簡単に書け。〈山梨県〉 **➡P.72 1**
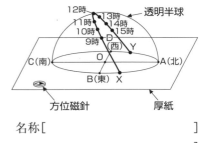

名称[　　　　　　　　]

理由[

**6** 透明半球を用いて，太陽の動きを観察した。(1)〜(5)の問いに答えなさい。〈岐阜県〉

→P.72 **1**

〔観察〕 秋分の日に，北緯34.6°の地点で，水平な場所に置いた厚
紙に透明半球と同じ大きさの円をかき，円の中心Oで直角
に交わる2本の線を引いて東西南北に合わせた。次に**図1**
のように，その円に透明半球のふちを合わせて固定し，9
時から15時までの1時間ごとに，太陽の位置を透明半球に
印をつけて記録した後，なめらかな線で結んで太陽の軌跡をかいた。点A〜Dは東西
南北のいずれかの方角を示している。

**図1**

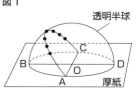

その後，軌跡に紙テープをあて，**図2**のように，印を写しとって太陽の位置を記録
した時刻を書きこみ，9時から15時までの隣り合う印と印の間隔を測ったところ，長
さは全て等しく2.4cmであった。**図2**の点a，cは**図1**の点A，Cを写しとったもの
であり，9時の太陽の位置を記録した点から点aまでの長さは7.8cmであった。

正答率
84%
(1) **図1**で，西の方角を示す点を，
点A〜Dから選び，符号で書け。　　　[　　　　　]

**図2**

c ● ｜　15時　14時　13時　12時　11時　10時　9時
　　　　●ー●ー●ー●ー●ー●ーーーーー● a
　　　2.4cm 2.4cm 2.4cm 2.4cm 2.4cm 2.4cm　7.8cm

正答率
75%
(2) 観察で，9時から15時までの隣り合う印と印の間隔がすべて等しい長さになった理由
として最も適切なものを，**ア〜エ**から1つ選び，符号で書け。　　[　　　　　]
　**ア** 太陽が一定の速さで公転しているため。
　**イ** 太陽が一定の速さで自転しているため。
　**ウ** 地球が一定の速さで公転しているため。
　**エ** 地球が一定の速さで自転しているため。

正答率
48%
(3) **図2**で，点aは観察を行った地点の日の出の太陽の位置を示している。観察を行った
地点の日の出の時刻は何時何分か。　　　　　　　[　　　　　]

正答率
78%
正答率
75%
正答率
91%
(4) 次の□□□の①〜③にあてはまるものを，**ア〜カ**からそれぞれ1つずつ選び，符号で
書け。　　①[　　　　　] ②[　　　　　] ③[　　　　　]
　　同じ地点で2か月後に同様の観察を行うと，日の出の時刻は□①□なり，日の出の位
置は□②□へずれた。これは，地球が公転面に対して垂直な方向から地軸を約□③□傾
けたまま公転しているからである。
　**ア** おそく　　　**イ** 早く　　　**ウ** 南　　　**エ** 北　　　**オ** 23.4°　　　**カ** 34.6°

正答率
18%
(5) 次の**ア〜エ**は，春分，夏至，秋分，冬至のいずれかの日に，観察を行った地点で太陽
が南中したとき，公転面上から見た地球と太陽の光のあたり方を示した模式図である。
秋分の日の地球を表している図を1つ選び，符号で書け。また，観察を行った地点で，
秋分の日の太陽の南中高度は何度か。

符号[　　　　　]　南中高度[　　　　　]

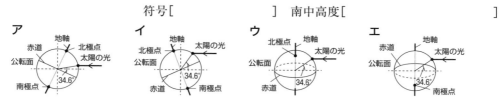

**7** 高知県のある地点で11月23日午後8時から1時間ごとに東の空のオリオン座を観察した。図は，午後8時と午後10時のオリオン座をスケッチしたものである。図中のAとA′は，オリオン座の恒星の1つであるベテルギウスの位置を表している。これについて，次の問いに答えなさい。

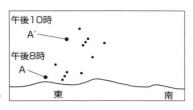

〈高知県〉 ➡P.72 ②③

(1) 図中のベテルギウスの位置は，午後8時から午後10時の間に，AからA′に移動した。このように恒星が移動したように見える理由として最も適切なものを，次のア～エから1つ選べ。 [       ]

 **ア** 地球が自転しているため。  **イ** 地球が公転しているため。

 **ウ** 地球の地軸が傾いているため。 **エ** 地球から恒星までの距離が遠いため。

(2) この観察において，恒星のベテルギウスの高度が最も高くなるのはいつか。最も適切なものを，次のア～エから1つ選べ。 [       ]

 **ア** 11月24日午前0時ごろ  **イ** 11月24日午前2時ごろ

 **ウ** 11月24日午前4時ごろ  **エ** 11月24日午前6時ごろ

> **ヒント** 星は1時間に約15°東から西へ移動する。

**8** 次の**図1**のa～cの線は，日本の北緯35°のある地点Pにおける，春分，夏至，秋分，冬至のいずれかの日の太陽の動きを透明半球上に表したものである。また，**図2**は，太陽と地球および黄道付近にある星座の位置関係を模式的に示したもので，A～Dは，春分，夏至，秋分，冬至のいずれかの日の地球の位置を表している。あとの問いに答えなさい。〈富山県〉

➡P.72 ①②③

(1) **図1**において，夏至の日の太陽の動きを表しているのはa～cのどれか。また，**図2**において，夏至の日の地球の位置を表しているのはA～Dのどれか。それぞれ1つずつ選び，記号で答えよ。

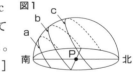

     太陽の動き[       ]
     地球の位置[       ]

(2) **図2**において，地球がCの位置にある日の日没直後に東の空に見える星座はどれか。次のア～エから1つ選び，記号で答えよ。 [       ]

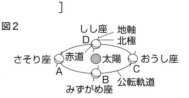

 **ア** しし座   **イ** さそり座

 **ウ** みずがめ座  **エ** おうし座

> **ヒント** 日没直後の地点では，西の方向に太陽がある。

(3) ある日の午前0時に，しし座が真南の空に見えた。この日から30日後，同じ場所で，同じ時刻に観察するときしし座はどのように見えるか。最も適切なものを次のア～エから1つ選び，記号で答えよ。 [       ]

 **ア** 30日前よりも東寄りに見える。

 **イ** 真南に見え，30日前よりも天頂寄りに見える。

 **ウ** 30日前よりも西寄りに見える。

 **エ** 真南に見え，30日前よりも地平線寄りに見える。

# 地層

## 1 地層

- **風化**…地表付近の岩石の表面が，気温の変化や風雨のはたらきでもろくなる現象。

- **侵食**…流れる水が岩石などを**けずる**作用。

- **運搬**…流れる水が侵食によってできた土砂を**運ぶ**作用。

- **堆積**…流れる水により運搬されてきた土砂が流れのゆるやかなところで**積もる**作用。

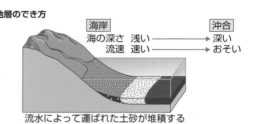

地層のでき方

| 海岸 | | | 沖合 |
| --- | --- | --- | --- |
| 海の深さ 浅い | ⟶ | | 深い |
| 流速 速い | ⟶ | | おそい |

流水によって運ばれた土砂が堆積する

- **地層のでき方**…侵食・運搬・堆積の作用により運ばれてきた土砂は，粒の大きいものから順に堆積して層をつくる。堆積物は下から上へ順に積み重なっていくので，一般に下の層は上の層よりも古い。 粒の大きさ： 大 れき→砂→泥 小

- **柱状図**…地層の重なり方を柱状の図に表したもの。

- **かぎ層**…離れた場所の地層のつながりを考えるヒントになる層。火山灰や化石を含む層など。

## 2 堆積岩

- **堆積岩**…堆積物が長い年月の間に押し固められた岩石。

| れき岩・砂岩・泥岩 | 凝灰岩 | 石灰岩・チャート |
| --- | --- | --- |
| 土砂が堆積したもの | 火山灰や火山噴出物が堆積したもの | 生物の死がいが堆積したもの |

## 3 断層としゅう曲

- **断層**…地層に大きな力がはたらくことによってできた**地層のずれ**。力のはたらく方向によってずれ方が変わる。（例）正断層，逆断層，横ずれ断層

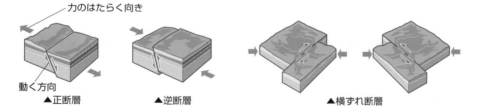

力のはたらく向き

動く方向

▲正断層　　　▲逆断層　　　　　　▲横ずれ断層

- **しゅう曲**…地層に大きな力がはたらくことで，地層が波打つようにしてできた曲がり。

## 4 化石

- **示相化石**…地層が堆積した当時の**環境を知る**手がかりとなる化石。

  （例）サンゴ：あたたかくて浅い海　シジミ：湖や河口

- **示準化石**…地層が堆積した**時代を知る**手がかりとなる化石。

  （例）サンヨウチュウ：古生代　アンモナイト：中生代　ビカリア：新生代

**1** 岩石が，気温の変化や風雨などのはたらきによって，もろくなる現象を何というか。次の**ア**～**エ**から１つ選べ。〈岩手県〉 ➡**P.76 1** [      ]

ア 噴火　　イ 風化　　ウ 隆起　　エ 侵食

**2** 川沿いに山を登ると，谷が深くなってきた。大地をつくる岩石が，流れる水のはたらきによってけずられることを何というか。次の**ア**～**エ**から選べ。〈宮城県〉 ➡**P.76 1** [      ]

ア 隆起　　イ 運搬　　ウ 風化　　エ 侵食

正答率 74%
正答率 77%

**3** 東西方向に広がるがけに見られる地層を観察した。図は，このときのスケッチである。次の文は，観察した地層についてまとめたものである。①，②にあてはまるものは何か。①はあとの**ア**～**エ**から１つ選び，②はあてはまる言葉を書け。〈福島県〉 ➡**P.76 3**

①[      ] ②[      ]

　図の地層の曲がりは □①□ 大きな力によりできたものである。このような地層の曲がりを □②□ という。

ア 東西方向から押し縮める　　イ 東西方向にひっぱる
ウ 南北方向から押し縮める　　エ 南北方向にひっぱる

**ヒント** がけは東西方向に広がることから，左右が東と西である。

**4** ３種類のA～Cの堆積岩について，ルーペなどを用いて特徴を調べた。表は，その結果をまとめたものである。〈岐阜県〉 ➡**P.76 2**

| 堆積岩 | 特　徴 |
|---|---|
| A | 角ばった鉱物の結晶からできていた。 |
| B | 化石が見られ，うすい塩酸をかけるととけて気体が発生した。 |
| C | 鉄のハンマーでたたくと鉄が削れて火花が出るほどかたかった。 |

正答率 74%
(1) Bの堆積岩はサンゴのなかまの化石を含んでいたので，あたたかくて浅い海で堆積したことがわかる。このように，堆積した当時の環境を推定できる化石を何というか。言葉で書け。 [      ]

正答率 55%
(2) A～Cの堆積岩は石灰岩，チャート，凝灰岩のいずれかである。**ア**～**カ**から最も適切な組み合わせを１つ選び，符号で書け。 [      ]

ア A：石灰岩　　B：チャート　　C：凝灰岩
イ A：石灰岩　　B：凝灰岩　　C：チャート
ウ A：チャート　　B：石灰岩　　C：凝灰岩
エ A：チャート　　B：凝灰岩　　C：石灰岩
オ A：凝灰岩　　B：石灰岩　　C：チャート
カ A：凝灰岩　　B：チャート　　C：石灰岩

**5** 図1は，ボーリング調査が行われた地点A，B，C，Dとその標高を示す地図であり，図2は，地点A，B，Cの柱状図である。なお，この地域に凝灰岩の層は1つしかなく，地層の上下の逆転や断層は見られず，各層は平行に重なり，ある一定の方向に傾いていることがわかっている。このことについて，次の問いに答えなさい。〈栃木県〉 ➡P.76 ①②④

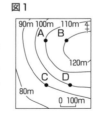
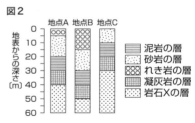

正答率79%
(1) 地点Aの砂岩の層からアンモナイトの化石が見つかったことから，この層ができた地質年代を推定できる。このように地層ができた年代を知る手がかりとなる化石を何というか。

[                    ]

正答率82%
正答率52%
(2) 採集された岩石Xの種類を見分けるためにさまざまな方法で調べた。次の□□□内の文章は，その結果をまとめたものである。①にあてはまる語を（　）の中から選んで書け。また，②にあてはまる岩石名を書け。

①[                    ]
②[                    ]

> 岩石Xの表面をルーペで観察すると，等粒状や斑状の組織が確認できなかったので，この岩石は①（火成岩・堆積岩）であると考えた。そこで，まず表面をくぎでひっかいてみると，かたくて傷がつかなかった。次に，うすい塩酸を数滴かけてみると，何の変化も見られなかった。これらの結果から，岩石Xは（　②　）であると判断した。

正答率19%
(3) この地域はかつて海の底であったことがわかっている。地点Bの地表から地下40mまでの層の重なりのようすから，水深はどのように変化したと考えられるか。粒の大きさに着目して，簡潔に書け。

[                    ]

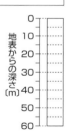

よくでる
正答率25%
(4) 地点Dの層の重なりを図2の柱状図のように表したとき，凝灰岩の層はどの深さにあると考えられるか。右の図に▬▬のようにぬれ。

**6** 図1は，ある露頭の模式図である。太郎さんは，この露頭で見られる地層P〜Sについて観察し，地層Rの泥岩から図2のようなアンモナイトの化石を見つけた。次の文の①，②の{ }の中から，それぞれ適当なものを1つずつ選び，ア〜エの記号で書け。〈愛媛県〉 ➡P.76 ①④

①[          ] ②[          ]

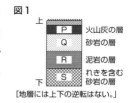

太郎さんは，後日，露頭をもう一度観察した。すると，地層Q，Sのいずれかの地層の中から，図3のようなビカリアの化石が見つかった。ビカリアの化石が見つかったのは，①{ア 地層Q　イ 地層S}であり，その地層が堆積した地質年代は②{ウ 中生代　エ 新生代}である。

**7** 道路沿いに断層や火山灰の層が見られる地層があることを知り，次の観察や調べ学習を行った。これについて，あとの問いに答えなさい。ただし，各層は平行に重なっており，上下の入れかわりはないものとする。〈滋賀県〉 →P.76 １ ２

〔観察１〕 **図１**のように，水平な道路に沿って垂直ながけ a，b があり，地層が見えていた。がけ a の地層を観察すると，れき，砂，泥，火山灰の層が水平に重なっていた。**図２**はそのスケッチである。

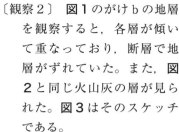

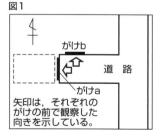

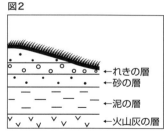

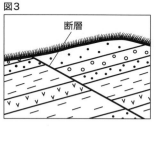

〔観察２〕 **図１**のがけ b の地層を観察すると，各層が傾いて重なっており，断層で地層がずれていた。また，**図２**と同じ火山灰の層が見られた。**図３**はそのスケッチである。

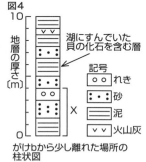

〔調べ学習〕 **図１**のがけ b から少し離れた場所に，**図２，3**と同じ火山灰を含む層と，湖にすんでいた貝の化石を含む層があることがわかった。**図4**は，その場所の柱状図であり，断層はなかった。

(1) 観察１，2 の結果から，**図１**の地域全体の地層はどの方角に向かって低くなるように傾いていると考えられるか。次の**ア〜エ**から1つ選べ。 ［　　　　　］

　**ア** 東　　**イ** 西　　**ウ** 南　　**エ** 北

(2) 観察１，2 の結果から，**図１**の ▢ の部分をけずりとり，道路をのばしていくとき，水平な地面に現れる地層を示した模式図はどれと考えられるか。次の**ア〜エ**から1つ選べ。 ［　　　　　］

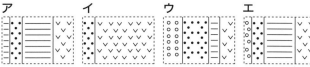

(3) 調べ学習で，**図4**のXで示した部分の地層について，地層の重なり方から，堆積した場所の当時の湖の深さはどのように変化したと考えられるか。

　［　　　　　　　　　　　　　　　　　　　　　　　　　　　　　　　　　　　　　　　　　　］

(4) 観察2と調べ学習の結果から考えて，次の**ア〜ウ**のできごとを，記号を用いて古いものから順に並べよ。また，そのように考えた理由を説明せよ。

　　　　　　　　　　　　　　　　　　　　　　　　　　　　　記号［　　　　　　　］

理由［　　　　　　　　　　　　　　　　　　　　　　　　　　　　　　　　　　　　　　　　　

　　　　　　　　　　　　　　　　　　　　　　　　　　　　　　　　　　　　　　　　　　　　］

　**ア** **図3**の断層で地層がずれた。

　**イ** **図4**の貝の化石を含む層が堆積した。

　**ウ** 火山の噴火が起こった。

# 大気の動きと日本の気象

出題率 **44.4%**

## 1 前線と天気の変化

- **温暖前線**…暖気が寒気の上にはい上がる→広範囲におだやかな雨が長い時間降る。
- **寒冷前線**…寒気が暖気の下にもぐりこむ→狭い範囲に激しい雨が短い時間降る。

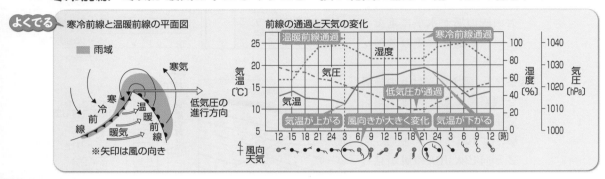

よくでる　寒冷前線と温暖前線の平面図

前線の通過と天気の変化

## 2 大気の動き

- **偏西風**…中緯度地域の上空を1年中ふく西寄りの風。偏西風の影響で，日本付近では**低気圧や移動性高気圧は西から東へ移動**する。それにともない，**天気も西から東へ変化**することが多い。

- **海風と陸風**…海岸付近でふく風。地面に比べて水はあたたまりにくく冷えにくいので，晴れた日の昼は海から陸に向かって**海風**がふき，晴れた日の夜は陸から海に向かって**陸風**がふく。

- **季節風**…季節に特徴的な風。大陸と海洋のあたたまり方のちがいによって生じ，日本付近では**冬は北西の季節風，夏は南東の季節風**がふく。

▼ 冬の季節風

▼ 夏の季節風

## 3 日本の気象

- 冬：**シベリア気団**が発達。**西高東低の気圧配置→北西の季節風。**日本海側で大雪になりやすい。

- 夏：**小笠原気団**が発達。**南高北低の気圧配置→南東の季節風。**蒸し暑い日が続く。

- 春と秋：**移動性高気圧と低気圧が交互**に通過。天気が周期的に変化する。

- 梅雨：**オホーツク海気団と小笠原気団**の影響で，停滞前線ができやすく，雨の日が続く。

- 台風：最大風速17.2m/s以上の熱帯低気圧。強い風と雨をともなう。

日本付近の気団

## 4 気象災害

- **気象災害**…気象が原因で起こる災害のこと。
  （例）高潮，洪水，集中豪雨，竜巻，冷害など。

# 入試問題で実力チェック！

解答解説 別冊 P.26

よくでる

**1** 右の図はある日の天気図である。この時期の日本列島の天気に最も影響を及ぼす気団を次の**ア**〜**ウ**から１つ選べ。〈沖縄県〉

➡P.80 3 [　　　　]

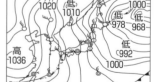

**ア**　オホーツク海気団

**イ**　シベリア気団

**ウ**　小笠原気団

よくでる 正答率79%

**2** 次の**ア**〜**エ**は，それぞれ異なる時期の，特徴的な天気図である。**ア**〜**エ**の中から，梅雨の時期の特徴的な天気図として，最も適切なものを１つ選び，記号で答えよ。〈静岡県〉

➡P.80 3 [　　　　]

**ア**　**イ**　**ウ**　**エ**

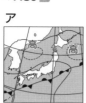

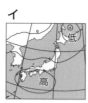

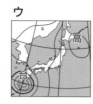

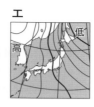

**3** 日本が位置する中緯度の上空には，低気圧や台風の進路に影響を与える西寄りの強い風がふいていることがわかった。この西寄りの強い風を何というか。ひらがな６字で書け。

〈神奈川県〉 ➡P.80 2 [　　　　]

**4** 右の**図１**は，日本付近の低気圧と前線について，あとの**図２**は，**図１**の低気圧と前線が真東に進む様子についてそれぞれ模式的に表したものである。次の各問いに答えなさい。〈鳥取県〉 ➡P.80 1

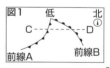

正答率80%

(1)　**図１**の前線Bを何というか，答えよ。 [　　　　]

よくでる 正答率62%

(2)　**図１**の点線C-----Dにおける地表面に対して垂直な断面を考えるとき，前線付近のようすとして最も適切なものを，次の**ア**〜**エ**から1つ選び，記号で答えよ。ただし，➡は暖気(あたたかい空気)の動きを表している。 [　　　　]

**ア**　**イ**　**ウ**　**エ**

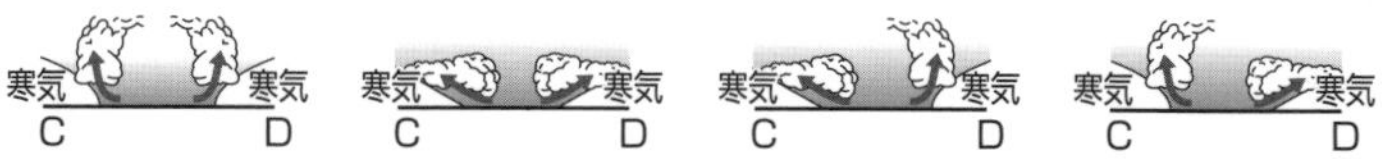

正答率29%

(3)　次の**図２**のように，**図１**の低気圧と前線が真東に進んだとき，地点E(●印)の天気はどのように変化していくと考えられるか。あとの**ア**〜**エ**を変化する順に並べ，記号で答えよ。 [　　　　]

図2

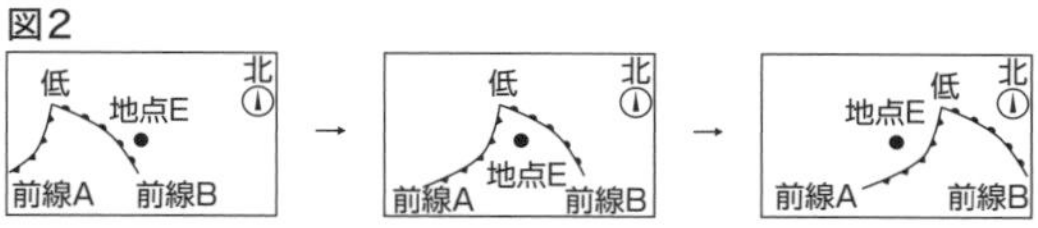

**ア**　南寄りの風に変わり，気温が上がる。

**イ**　積乱雲が発達して，強いにわか雨が降る。

**ウ**　広い範囲にわたって雲ができ，長い時間雨が降る。

**エ**　北寄りの風に変わり，気温が急に下がる。

よく
でる
**5**

図１～図３は，ある年の４
月10日，７月２日，８月２
日のいずれも午前９時にお
ける日本列島付近の天気図
である。次の(1)～(5)の問
いに答えなさい。〈福島県〉

➡P.80 **3**

図1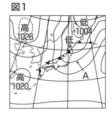
図2
図3

正答率
71%

(1) 図１の等圧線Ａが示す気圧は何hPaか，
書け。 [        ] **ヒント** 等圧線は４hPaごとに引いてある。

正答率
54%

(2) 次の文は，日本の春と秋に見られる高気圧について述べたものである。□□□にあて
はまる言葉を，漢字６字で書け。 [        ]

> 　春と秋は，低気圧と高気圧が次々に日本列島付近を通り，同じ天気が長く続かない。
> 春と秋によく見られるこのような高気圧を，特に□□□□□□という。

よく
でる
正答率
29%

(3) 下のＸ～Ｚは，図１～図３と同じ年の，４月11日午前９時，４
月12日午前９時，４月13日午前９時の，いずれかの天気図である。
Ｘ～Ｚを日付の早い方から順に並べたものを，右の**ア**～**カ**の中から
１つ選べ。 [        ]

Ｘ 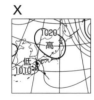　Ｙ 　Ｚ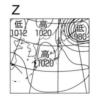

| | 順番 |
|---|---|
| **ア** | Ｘ→Ｙ→Ｚ |
| **イ** | Ｘ→Ｚ→Ｙ |
| **ウ** | Ｙ→Ｘ→Ｚ |
| **エ** | Ｙ→Ｚ→Ｘ |
| **オ** | Ｚ→Ｘ→Ｙ |
| **カ** | Ｚ→Ｙ→Ｘ |

**ヒント** 日本付近の高気圧や低気圧
は，西から東へと移動する。

正答率
15%

(4) 次の文は，図２の前線Ｂとこの時期の天気について述べたものである。Ｐ～Ｒにあて
はまる言葉の組み合わせとして最も適当なものを，下の**ア**～**ク**の中から１つ選べ。
[        ]

> 　この時期の日本列島付近では，南のあたたかく□Ｐ□気団と，北の冷たく□Ｑ□気
> 団の間にＢのような□Ｒ□前線ができて，雨やくもりの日が多くなる。

| | P | Q | R | | P | Q | R |
|---|---|---|---|---|---|---|---|
| **ア** | 乾燥した | 乾燥した | 閉そく | **オ** | しめった | 乾燥した | 閉そく |
| **イ** | 乾燥した | 乾燥した | 停滞 | **カ** | しめった | 乾燥した | 停滞 |
| **ウ** | 乾燥した | しめった | 閉そく | **キ** | しめった | しめった | 閉そく |
| **エ** | 乾燥した | しめった | 停滞 | **ク** | しめった | しめった | 停滞 |

正答率
15%

(5) 図３のＣは台風である。日本列島付近に北上する台風の進路の傾向は，
時期によって異なる。図４は，８月と９月における台風の進路の傾向を
示したものである。８月から９月にかけて，台風の進路の傾向が図４の
ように変化する理由を，「太平洋高気圧」という言葉を用いて書け。
[

図4
８月 ９月
]

**6** 若菜さんは，日本の季節ごとに見られる天気の特徴について調べることにした。次の(1)，(2)の問いに答えなさい。〈宮崎県〉 ➡P.80 **3**

(1) 若菜さんは，**図1**のA～Dのような，日本の季節に見られる特徴的な天気図を見つけた。また，ある日の宮崎市の気象要素を**表1**にまとめ，空気の温度と飽和水蒸気量との関係を**表2**にまとめた。あとの(a)，(b)の問いに答えよ。ただし，**図1**のA～Dは，春，梅雨，夏，冬のいずれかの天気図であり，このうちの1つは，**表1**の気象要素が観測された日時の天気図である。

図1

A 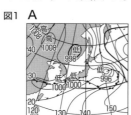　B 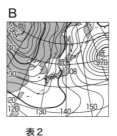　C 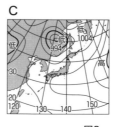　D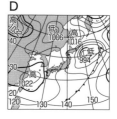

表1

| 天気 | 晴れ |
|---|---|
| 気温〔℃〕 | 30 |
| 湿度〔%〕 | 72 |
| 気圧〔hPa〕 | 1010 |

表2

| 空気の温度〔℃〕 | 飽和水蒸気量〔g/m³〕 |
|---|---|
| 18 | 15.4 |
| 20 | 17.3 |
| 22 | 19.4 |
| 24 | 21.8 |
| 26 | 24.4 |
| 28 | 27.2 |
| 30 | 30.4 |

図2

(a) **表1**のときの天気図として，最も適切なものはどれか。**図1**のA～Dから1つ選び，記号で答えよ。また，**表1**のとき，露点はおよそ何℃と考えられるか。**表2**から，最も適切な温度を選び，答えよ。　　　　　　　　　　　天気図[　　　　　　　]

露点[　　　　　　　]

(b) 若菜さんは，日本の秋に見られる特徴的な天気図である**図2**を見つけた。**図1**のA～Dを，日本の季節の移り変わりの順になるように**図2**に続けて並べ，記号で答えよ。

[　　　　　　　]

(2) **図3**のX～Zは，日本の天気に影響を与える気団を示している。次の文は，このうちの1つの特徴をまとめたものである。　①　に入る気団を，X～Zから1つ選び，記号で答えよ。また，　②　，　③　に入る適切な言葉の組み合わせを，後の**ア～エ**から1つ選び，記号で答えよ。①[　　　　　　] ②・③[　　　　　　]

図3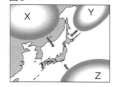

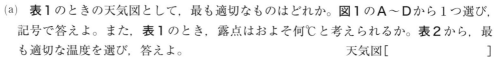

　①　の気団は，大陸上で地表が冷えて高気圧が発達してできた大きな大気のかたまりであり，冷たくて　②　している。この気団から冷たい北西の　③　がふき寄せるなど，日本の冬の天気に影響を与えている。

**ア** ②：乾燥して ③：偏西風　　**イ** ②：乾燥して ③：季節風
**ウ** ②：しめって ③：偏西風　　**エ** ②：しめって ③：季節風

# 火山

## 1 火山活動

### ■ 火山とマグマ

- マグマのねばりけが強い：**激しい噴火**をすることが多く，盛り上がった**ドーム状の火山**になる。鉱物の色は**白っぽい**。
  （例）雲仙普賢岳，平成新山，昭和新山など。

- マグマのねばりけが弱い：比較的**おだやかな噴火**をすることが多く，**傾斜のゆるやかな火山**になる。鉱物の色は**黒っぽい**。
  （例）マウナロア，キラウエアなど。

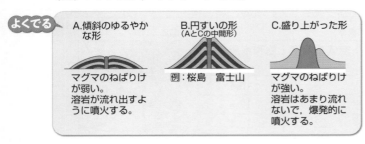

**よくでる**

A.傾斜のゆるやかな形
マグマのねばりけが弱い。溶岩が流れ出すように噴火する。

B.円すいの形（AとCの中間形）
例：桜島 富士山

C.盛り上がった形
マグマのねばりけが強い。溶岩はあまり流れないで，爆発的に噴火する。

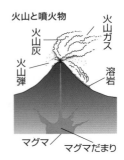

火山と噴火物
火山ガス
火山灰
火山弾
溶岩
マグマ
マグマだまり

### ■ 火山噴出物
…溶岩（マグマが地表に現れたもの），火山灰，火山れき，軽石，火山ガスなど。

## 2 火成岩のつくり

### ■ 火成岩
…マグマが冷えて固まってできた岩石。**火山岩**と**深成岩**がある。

〈火山岩〉
石基
斑状組織
斑晶

〈深成岩〉
等粒状組織

### ■ 火山岩
…マグマが**地表や地表付近**で，**急に冷えて固まってでき**る。（例）玄武岩，安山岩，流紋岩

### ■ 深成岩
…マグマが**地下深く**で，**ゆっくり冷えてできる**。
（例）斑れい岩，閃緑岩，花こう岩

### ■ 斑状組織
…細かい結晶やガラス質からなる**石基**と大きい結晶である**斑晶**がちらばったつくり。火山岩は**斑状組織**をもつ。

### ■ 等粒状組織
…大きい結晶がきっちり組み合わさったつくり。深成岩は**等粒状組織**をもつ。

## 3 鉱物と岩石

### ■ 鉱物
…マグマが冷えてできた結晶。**無色鉱物**（白色鉱物）と**有色鉱物**がある。岩石は何種類かの鉱物が集まってできている。

- 無色鉱物：セキエイ，チョウ石
- 有色鉱物：クロウンモ，カクセン石，キ石，カンラン石など。

火成岩に含まれている鉱物の種類と割合

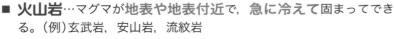
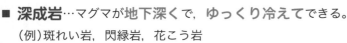
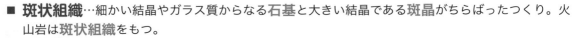

| 火山岩 | 流紋岩 | 安山岩 | 玄武岩 |
|---|---|---|---|
| 深成岩 | 花こう岩 | 閃緑岩 | 斑れい岩 |
| 色 | 白っぽい ← | → 黒っぽい | |

鉱物の割合 体積〔%〕
100
セキエイ
チョウ石
カクセン石
50
クロウンモ
キ石
カンラン石
0
その他の鉱物

# 入試問題で実力チェック！

解答解説
別冊
P.27

**1** キャンプ場では深成岩の一種である花こう岩が多く見られた。深成岩について述べたものとして，正しいものはどれか。次の**ア**〜**エ**から1つ選べ。〈鹿児島県〉 ➡P.84 **2**

正答率 74%

[ 　　　　　　　 ]

**ア** マグマが地表付近で急速に冷えて固まった岩石であり，斑状組織を示す。

**イ** マグマが地表付近で急速に冷えて固まった岩石であり，等粒状組織を示す。

**ウ** マグマが地下深くでゆっくりと冷えて固まった岩石であり，斑状組織を示す。

**エ** マグマが地下深くでゆっくりと冷えて固まった岩石であり，等粒状組織を示す。

**2** 火山灰は，色や形のちがう何種類かの粒に分けることができる。これらの粒のうち結晶になったものを何というか。漢字で書け。〈沖縄県〉 ➡P.84 **3**

[ 　　　　　　　 ]

**3** 火成岩の観察と，火山の形のちがいについて調べる実験を行った。あとの問いに答えなさい。

〈富山県〉 ➡P.84 **1** **2** **3**

〈観察〉

図1

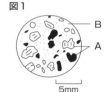

㋐ ある火山の火成岩の表面をルーペで観察した。

㋑ 観察した表面のようすをスケッチした。図1はそのスケッチである。

(1) 図1のAは比較的大きな鉱物の結晶であり，Bは形がわからないほどの小さな鉱物やガラス質だった。A，Bの名称をそれぞれ書け。

A[ 　　　　　 ] B[ 　　　　　 ]

(2) 図1のような岩石のつくりを何というか，書け。 [ 　　　　　 ]

〈実験〉

㋒ 小麦粉と水を，以下の割合でそれぞれポリエチレンの袋に入れてよく混ぜ合わせた。

・Cの袋：小麦粉80g＋水100g

・Dの袋：小麦粉120g＋水100g

㋓ 図2のように，中央に穴のあいた板にCの袋をとりつけ，ゆっくり押し，小麦粉と水を混ぜ合わせたものを板の上にしぼり出した。Dの袋についても，同じようにして，しぼり出した。

図2

CまたはDの袋

㋔ その結果，図3，図4のように，小麦粉の盛り上がり方に差がついた。

**ヒント** Dのほうが小麦粉が多く，ねばりけが強い。

図3　図4

(3) 図3は，㋒のC，Dのどちらの袋をしぼり出したものか，記号で答えよ。 [ 　　　　　 ]

(4) 実験の結果をふまえて，火山の形に違いができる原因を書け。

[ 　　　　　　　　　　　　　　　　　　　　　　 ]

(5) 図1のようなつくりをもち，図4のような形の火山で見られるおもな火成岩は何か。次の**ア**〜**エ**から最も適切なものを1つ選び，記号で答えよ。 [ 　　　　　 ]

**ア** 玄武岩 **イ** 花こう岩 **ウ** 斑れい岩 **エ** 流紋岩

# 1 地震のゆれと伝わり方

- **震源**…地震が発生した場所。
- **震央**…震源の真上の地表の地点。
- **初期微動**…はじめに起こる小さいゆれ。速さの速い P 波によって伝わる。
- **主要動**…初期微動に続いて起こる大きなゆれ。速さのおそい S 波によって伝わる。
- **初期微動継続時間**…P 波が届いてから S 波が届くまでの時刻の差。初期微動が続く時間のこと。

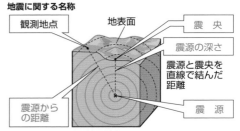

地震に関する名称

観測地点　地表面　震央
震源の深さ
震源と震央を直線で結んだ距離
震源からの距離　震源

震源から観測地点までを直線で結んだ距離

> **よくでる** 震源距離と初期微動継続時間はほぼ比例する。
> ・震源までの**距離が遠い**→初期微動継続時間は**長い**
> ・震源までの**距離が近い**→初期微動継続時間は**短い**

- **震度**…観測地点での地震の**ゆれの程度**。0～7までの10段階で表す（5, 6 は強・弱の2段階ある）。
- **マグニチュード**…地震そのものの**規模**。記号Mで表す。
- **津波**…海底で地震が起こった場合，海底の急激な変化により発生する大きな波。

**よくでる**

初期微動継続時間

震源からの距離〔km〕
200
100
0
P 波
S 波
主要動
初期微動

0　20　40　60　80
P 波・S 波が届くまでの時間〔s〕

地震が起こると，P 波と S 波が同時に発生する。P 波は約 6～8 km/s で，S 波は約 3～5 km/s で伝わる。

# 2 地震の原因

- **プレート**…地球をおおう厚さ100kmほどの岩盤。
- **地震**…地球内部の岩石に大きな力がはたらいて岩石が壊れることによって，大地がゆれる現象。
- **地震の原因**…日本付近では，海洋プレートが大陸プレートの下に沈みこんでいるため，プレートの境界にひずみができて大きな地震が起こる。

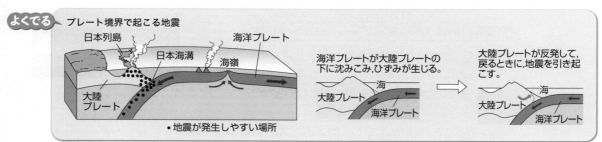

**よくでる** プレート境界で起こる地震

日本列島　海洋プレート
日本海溝　海嶺
大陸プレート
・地震が発生しやすい場所

海洋プレートが大陸プレートの下に沈みこみ，ひずみが生じる。
大陸プレート　海　海洋プレート

大陸プレートが反発して，戻るときに，地震を引き起こす。
大陸プレート　海　海洋プレート

- **隆起**…地面が上昇すること。
- **沈降**…地面が下降すること。

**1** 右の図の地震計の記録中のYは何というゆれか。漢字で書け。〈沖縄県〉 →P.86 **1**

[                    ]

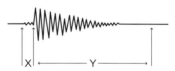

**2** ある地点で観測した2つの地震の初期微動継続時間が同じ長さだった。このことから，この2つの地震について，どのようなことがいえるか。次の**ア**～**エ**から1つ選べ。〈岩手県〉
→P.86 **1**

[                    ]

> **ヒント** 初期微動継続時間は，震源からの距離が大きくなるほど長くなる。

**ア** 震源の深さが等しい。

**イ** マグニチュードが等しい。

**ウ** この地点での震度が等しい。

**エ** この地点から震源までの距離が等しい。

**3** ある日の15時すぎに，ある地点の地表付近で地震が発生した。表は，3つの観測地点A～Cにおけるその時の記録の一部である。あとの問いに答えなさい。ただし，岩盤の性質はどこも同じで，地震のゆれが伝わる速さは，ゆれが各観測地点に到達するまで変化しないものとする。〈富山県〉 →P.86 **1** **2**

| 観測地点 | 震源からの距離 | P波が到着した時刻 | S波が到着した時刻 |
|---|---|---|---|
| A | （ X ）km | 15時9分（ Y ）秒 | 15時9分58秒 |
| B | 160km | 15時10分10秒 | 15時10分30秒 |
| C | 240km | 15時10分20秒 | 15時10分50秒 |

(1) P波によるゆれを何というか，書け。 [                    ]

(2) 地震の発生した時刻は15時何分何秒と考えられるか，求めよ。

[                    ]

(3) 表の（ X ）（ Y ）にあてはまる値をそれぞれ求めよ。

X[            ] Y[            ]

(4) 次の文は地震について説明したものである。文中の①，②の（　）の中から適切なものをそれぞれ選び，記号で答えよ。 ①[            ] ②[            ]

> 震源の深さが同じ場合には，マグニチュードが大きい地震のほうが，震央付近の震度が①（**ア** 大きくなる **イ** 小さくなる）。また，マグニチュードが同じ地震の場合には，震源が浅い地震のほうが，強いゆれが伝わる範囲が②（**ウ** 狭くなる **エ** 広くなる）。

(5) 日本付近の海溝型地震が発生する直前までの，大陸プレートと海洋プレートの動く方向を表したものとして，最も適切なものはどれか。次の**ア**～**エ**から1つ選び，記号で答えよ。

[                    ]

1 葉の枚数が同じで、葉の大きさや茎の太さがほぼ同じアジサイの枝を4本用意し、**図1**のように枝と水の入ったシリコンチューブを空気が入らないようにつなぎ、葉に**図2**のような処理をしたあとバットの上に並べた。このバットを明るいところにしばらく置き、水の位置の変化を調べたところ、**表**のようになった。あとの問いに答えなさい。 〈各6点×4〉

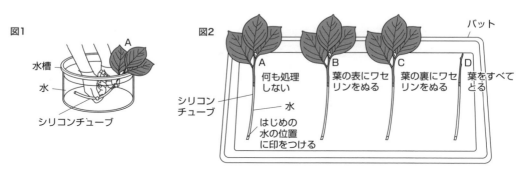

図1

水槽
水
シリコンチューブ

図2

A 何も処理しない
B 葉の表にワセリンをぬる
C 葉の裏にワセリンをぬる
D 葉をすべてとる

バット
シリコンチューブ
水
はじめの水の位置に印をつける

表

| | A | B | C | D |
|---|---|---|---|---|
| 水の位置の変化 | 64mm | 57mm | 9mm | 2mm |

(1) 右の**図3**は、アジサイの茎の断面を模式的に表したものである。根から吸収された水が通る部分を黒くぬりつぶしなさい。

図3

(2) 根から吸収された水について述べた次の文の ① 、 ② にあてはまる語の組み合わせとして正しいものを、あとの**ア〜エ**から1つ選べ。

根から吸収された水は、茎を通って葉まで運ばれ、水蒸気となって ① から出ていく。この現象を ② という。

**ア** ①：孔辺細胞 ②：蒸発 **イ** ①：孔辺細胞 ②：蒸散
**ウ** ①：気孔 ②：蒸発 **エ** ①：気孔 ②：蒸散

(3) BとCの水の位置の変化を比べることでわかることを、簡単に書け。

(4) **表**から、葉の裏側からの(2)の②の現象による水の位置の変化は何mmと考えられるか。

**2** 右の図のような凸レンズに，光軸（凸レンズの軸）に平行な光をあてると，光は凸レンズで屈折して点Hに集まった。これについて，次の問いに答えなさい。なお，図の1マスを5cmとする。

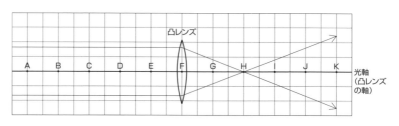

〈各4点×4〉

(1) この凸レンズの焦点距離は何cmか。

(2) Bの位置に物体を置いたとき，凸レンズを通った光はレンズの反対側に置いたスクリーン上に像をつくった。このときどの位置にどのような像ができるか。次の**ア〜カ**から1つ選べ。

**ア** Iに物体より小さい実像ができる。　　**イ** Iに物体と同じ大きさの実像ができる。

**ウ** Jに物体より小さい実像ができる。　　**エ** Jに物体と同じ大きさの実像ができる。

**オ** Kに物体と同じ大きさの実像ができる。　**カ** Kに物体より大きい実像ができる。

(3) Bの位置に物体を置いたまま，凸レンズの上半分を黒い紙でおおった。このときスクリーンにできる像はどのようになるか。次の**ア〜エ**から1つ選べ。

**ア** 上半分の像になる。　　**イ** 下半分の像になる。

**ウ** 像はできない。　　　　**エ** 像が暗くなる。

(4) Bの位置から凸レンズに物体を近づけていくと，ある位置にくるとスクリーン上に像ができなくなった。このときの物体の位置を図のC〜Fから1つ選べ。

**3** 図1は，ある日の日本付近の天気図である。これについて，次の問いに答えなさい。

〈各5点×4〉

図1

(1) 図1の地点Aでの天気図記号は図2のようであった。このときの天気，風向，風力をそれぞれ答えよ。

図2

| 天気 | 風向 | 風力 |
| --- | --- | --- |

(2) 図1のP−Qにおける前線面の断面の模式図として正しいものを，次の**ア〜エ**から1つ選べ。

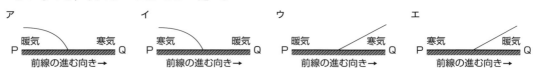

(3) 温暖前線が通過するとき，天気はどのように変化するか。次の**ア**〜**エ**から1つ選べ。

　　**ア**　積乱雲が発生し，せまい地域に激しい雨が降る。

　　**イ**　積乱雲が発生し，おだやかな雨が広い地域に降る。

　　**ウ**　乱層雲が発生し，せまい地域に激しい雨が降る。

　　**エ**　乱層雲が発生し，おだやかな雨が広い地域に降る。

(4) **図3**は，**図1**と同じ日のある地点において，気温，湿度，風向，風力を観測しデータをまとめたものである。この地点を寒冷前線が通過したと考えられる時間帯について，そのように判断できる理由とともに簡単に書け。ただし，理由は気温と風向に着目して書くこと。

図3

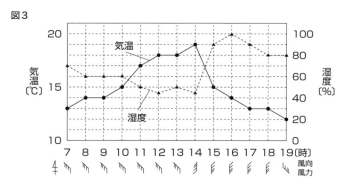

┌────────────────────────────────┐
│ 図1のような，なめらかな斜面と水平面から │
│ 4 │できている装置を使い，斜面を下って進む台 │
└────────────────────────────────┘
車の運動を毎秒50回打点する記録タイマーで記録した。**図2**は，記録タイマーで記録されたテープを5打点ごとに切って順に並べたものである。これについて，次の問いに答えなさい。ただし，摩擦や空気の抵抗は考えないものとする。　〈各4点×5〉

図1　　　　図2

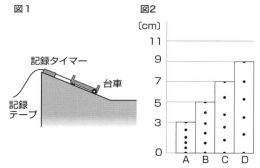

(1) 記録タイマーが5打点を打つのにかかる時間は何秒か。

(2) A〜Cのテープが記録された間の平均の速さは何cm/sか。

(3) A〜Dのテープはいずれも，打点の間隔が少しずつ広くなっていた。**図2**のテープの長さのふえ方から考えて，台車の速さはどのように変化しているといえるか。簡単に書け。

(4) 台車が斜面を下って進む運動しているとき，台車の進行方向にはたらく力はどうなっているか。次の**ア**〜**エ**から１つ選べ。

**ア**　時間とともに大きくなる。　　　**イ**　時間とともに小さくなる。

**ウ**　一定である。　　　　　　　　　**エ**　はたらいていない。

(5) 台車が水平面に達したあと，一定の速さで水平面上を進んだ。この運動を何というか。

---

**5**　鉄粉と硫黄の粉末を混ぜて加熱したときの反応を調べるため，次のような実験を行った。これについて，あとの問いに答えなさい。

〈各５点×４〉

図1

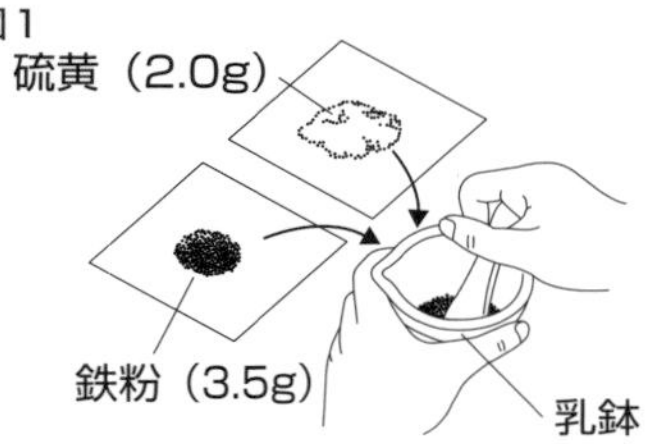

硫黄（2.0g）

鉄粉（3.5g）

乳鉢

図2 脱脂綿でゆるく栓をする

【実験】　1　**図1**のように，鉄粉3.5gと硫黄の粉末2.0gを乳鉢に入れてよく混ぜ合わせた。

　　　　　2　鉄粉と硫黄の粉末の混合物を２本の試験管A，Bに入れ，試験管Aの上部を**図2**のように加熱したところ，赤くなったので加熱するのをやめた。

　　　　　3　試験管Aが十分に冷えたあと，試験管A，Bそれぞれに磁石を近づけて違いがあるか調べた。

(1) 鉄と硫黄が反応して硫化鉄ができた。この化学変化を化学反応式で表せ。

(2) 実験の２の反応のようすについて正しいものを次の**ア**〜**エ**から１つ選べ。

　　**ア**　加熱している間だけ反応し，反応が終わると白い物質ができた。

　　**イ**　加熱している間だけ反応し，反応が終わると黒い物質ができた。

　　**ウ**　加熱をやめても反応が続き，反応が終わると白い物質ができた。

　　**エ**　加熱をやめても反応が続き，反応が終わると黒い物質ができた。

(3) 実験の３ではどのような結果になるか。試験管A，Bについて，それぞれ次の**ア**，**イ**から１つずつ選べ。

　　**ア**　磁石に引きつけられた。

　　**イ**　磁石に引きつけられなかった。

A　　　　　　　　B

(4) 鉄粉3.5gと硫黄2.0gは過不足なく反応したことがわかった。鉄粉15.0gをすべて硫黄と反応させるためには，硫黄の粉末は何g必要か。小数第２位を四捨五入し，小数第１位まで求めなさい。

# 実力完成テスト②

時間 45分　得点 /100点　解答解説 別冊 P.30

## 1

**図1**は，ヒトの消化器官を示したものである。これについて，次の問いに答えなさい。 **〈各2点×10〉**

図1

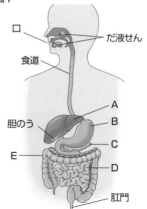

(1) 口から肛門までつながる1本の管を何というか。

(2) A，C，Eの器官を何というか。その組み合わせとして正しいものを次の**ア**～**エ**から1つ選べ。

**ア**　A：肝臓　C：胃　E：大腸
**イ**　A：胃　C：肝臓　E：小腸
**ウ**　A：肝臓　C：すい臓　E：大腸
**エ**　A：胃　C：すい臓　E：小腸

(3) タンパク質を分解する消化酵素を含む消化液を出す器官はどれか。**図1**のA～Eからすべて選び，記号を書け。

(4) (3)の消化液に含まれる消化酵素により，タンパク質は最終的に何に分解されるか。

(5) 脂肪を分解する消化酵素を含む消化液を出す器官はどれか。**図1**のA～Eから1つ選び，記号を書け。

(6) (5)の消化液に含まれる消化酵素により，脂肪は最終的に脂肪酸と何に分解されるか。

(7) **図2**は，消化された養分が吸収される器官に見られる小さい突起である。この突起を何というか。また，この突起が見られる器官を**図1**のA～Eから1つ選び，記号を書け。

図2

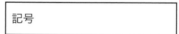

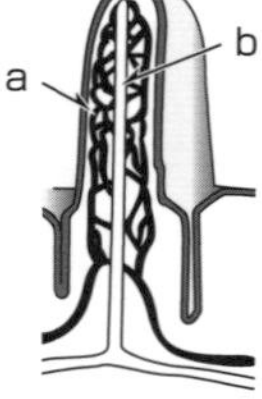

名称　　記号

(8) デンプンが分解されたものが吸収されるのは，a，bどちらの管か。また，その管を何というか。

記号　　名称

**2** 右の図は，タマネギの根の先端に近い部分を顕微鏡で観察してスケッチしたものである。これについて，次の問いに答えなさい。〈各5点×3〉

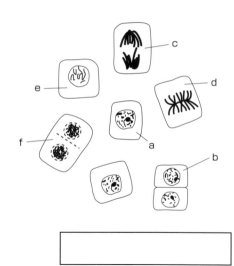

(1) 顕微鏡の使い方として誤っているものを，次の**ア～エ**から1つ選べ。

　**ア** 対物レンズ→接眼レンズの順にとりつける。

　**イ** 対物レンズとプレパラートを近づけたあと，遠ざけながらピントを合わせる。

　**ウ** 最初は低倍率で観察する。

　**エ** 接眼レンズの倍率×対物レンズの倍率が，観察する顕微鏡の倍率となる。

(2) からだをつくる細胞が分裂する細胞分裂を何というか。

(3) 図のa～fは，この細胞分裂の過程で見られる異なった段階の細胞を示している。aをはじまりとして，b～fを細胞分裂の進む順に並べなさい。

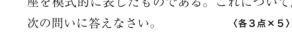
a→　　　→　　　→　　　→　　　→

**3** **図1**は地球が太陽のまわりを公転しているようすと，天球上の太陽の通り道付近にある12の星座を模式的に表したものである。これについて，次の問いに答えなさい。〈各3点×5〉

図1

(1) 天球上の太陽の通り道を何というか。

(2) **図2**は，日本のある地点で太陽の動きを午前9時から1時間おきに観察したもので，A，Bは11時と12時の点である。

　① 太陽の動きの観察を行ったときの地球の位置を，**図1**の**ア～エ**から選び，記号を書け。

図2
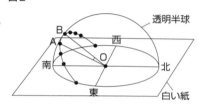

　② ∠AOBは何度か。

(3) **図2**の観察をした日の真夜中，南の空に見られる星座は何か。**図1**から１つ選べ。

(4) **図2**の観察をした日から３か月後の真夜中，(3)の星座はどの方角の空に見ることができるか。

**4** 右の図のような装置を組み立て，100gの水が入ったポリエチレンの容器に電熱線 a を入れ，3.0Vの電圧を加えたところ，電流計は1.0Aを示した。電圧を3.0Vに保ったまま，ガラス棒で水をかき混ぜながら１分ごとに水の温度を測定すると，水の温度は上昇し始め，表のようになった。これについて，次の問いに答えなさい。ただし，発生した熱量はすべて水の温度上昇に使われるものとする。〈各3点×6〉

(1) 3.0Vの電圧を加えたときの電熱線 a の消費電力は何Wか。

| 時間〔分〕 | 0 | 1 | 2 | 3 | 4 | 5 |
|---|---|---|---|---|---|---|
| 水の温度〔℃〕 | 18.0 | 18.4 | 18.8 | 19.2 | 19.6 | 20.0 |

(2) 3.0Vの電圧を加えた電熱線 a から５分間に発生した熱量は何Jか。

(3) 電熱線 a に加える電圧を6.0Vにした。このとき消費電力は何Wになるか。

(4) 100gの水が入ったポリエチレンの容器に入れた電熱線 a に加える電圧を6.0Vに保ち５分間電流を流したとき，水の上昇温度は何℃になるか。

(5) 電熱線 a を抵抗の異なる電熱線 b にかえ，3.0Vの電圧を加えると，電流計は1.5Aを示した。このときの消費電力は，電熱線 a に3.0Vの電圧を加えたときの何倍になるか。

(6) 電熱線 a と電熱線 b を並列につないで，100gの水が入ったポリエチレンの容器に入れ，電圧を3.0Vに保ち５分間電流を流したとき，水の上昇温度は何℃になるか。

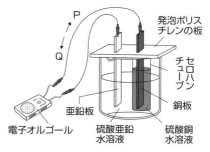

**5** 電池のしくみについて調べるため，次のような実験を行い，結果をまとめた。あとの問いに答えなさい。

〈各4点×8〉

【実験】 1　右の図のように，ビーカーに硫酸亜鉛水溶液を入れ，亜鉛板を設置した。

2　硫酸銅水溶液を入れたセロハンチューブを入れ，セロハンチューブの中に銅板を設置した。

3　電子オルゴールに亜鉛板と銅板をつないで，電子オルゴールが鳴るかを調べた。

4　しばらくしたあと，亜鉛板，銅板の表面の様子を観察した。

【結果】・実験の3で，電子オルゴールは音が鳴った。

・実験の4で，亜鉛板は　　X　　，銅板の表面には赤い物質が付着していた。

(1) この実験では，ダニエル電池によって物質がもつあるエネルギーが変換されて電子オルゴールが鳴った。次の①，②にあてはまる語句として適切なものを，あとの**ア〜オ**からそれぞれ1つずつ選べ。

（　①　）エネルギー　→　電気エネルギー　→　（　②　）エネルギー

**ア** 電気　　**イ** 化学　　**ウ** 弾性　　**エ** 音　　**オ** 熱

①　　　　　　　　　　　②

(2) 図で，電子の移動の向きはP，Qのうちどちらか。

(3) 結果の　X　にあてはまることがらを次の**ア〜エ**から1つ選べ。

**ア** 表面に亜鉛が付着しており　　　　**イ** 表面がとけてぼろぼろになっており

**ウ** 表面から気体が発生しており　　　**エ** 変化がなく

(4) 結果の下線部について，銅板の表面に付着していた物質は何か。名称を答えよ。

(5) 次の文は，この実験でセロハンチューブを使用する理由について述べたものである。文中のA〜Cにあてはまる物質名をそれぞれ答えよ。

　　セロハンチューブを使用することで，陽イオンと陰イオンによる電気的なかたよりができにくくなる。この実験では，硫酸亜鉛水溶液中の（　A　）イオンが硫酸銅水溶液中へ，硫酸銅水溶液中の（　B　）イオンが硫酸亜鉛水溶液中へ移動する。

　　セロハンチューブがないと，2つの水溶液がはじめから混じり合ってしまい，亜鉛原子から直接電子を受けとった（　C　）が亜鉛板に付着し，電池のはたらきをしなくなる。

A　　　　　　　　　　　B　　　　　　　　　　　C

【出典の補足】
2021年埼玉県…p.63大問2

〔高校入試合格でる順　理科　五訂版〕

## 入試問題で実力チェック！ →本冊P.5~7

1 エ　2 ウ　3 エ
4 ウ　5 ウ

6 (1)右図1

図1（例）

(2)比例（関係）

(3)右図2

(4)72J

図2

7 (1)4.0Ω

(2)（例）発熱量は
電力に比例する
から。

8 (1)右図3

(2)100Ω

(3)Q：50Ω
　R：30Ω
　S：60Ω

(4)$\frac{9}{64}$倍

図3

9 (1)静電気（摩擦電気）

(2)ウ

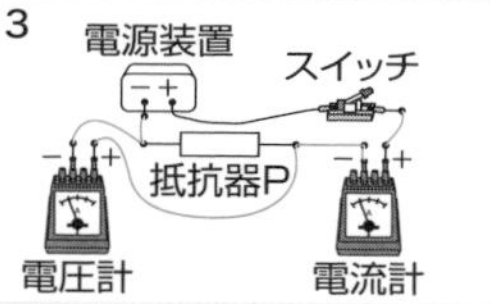

### 解説

1 直列回路では，回路を流れる電流の大きさは<u>どこも同じ</u>である。また，同じ種類の豆電球であれば抵抗も等しいと考えられる。よって，どの豆電球の明るさも同じになる。

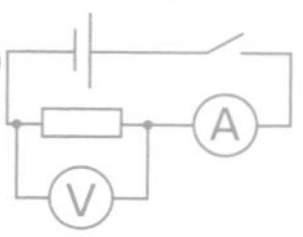

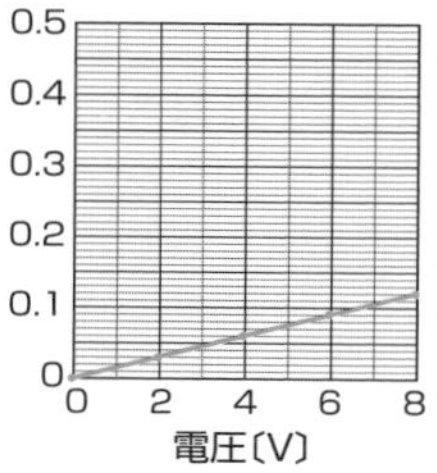

2 <u>電流計ははかりたい部分に直列につながなければいけない</u>ので**イ**，**エ**は間違いである。**ア**は，回路全体の抵抗が20Ω，電圧が10Vより，電流計が示す電流は$\frac{10（V）}{20（Ω）}=0.5$〔A〕となり誤り。**ウ**の10Ωの抵抗器をそれぞれ流れる電流は，電圧が10Vより，$\frac{10（V）}{10（Ω）}=$1〔A〕だから，電流計が示す電流は，各抵抗を流れる電流の和なので2Aとなり，正しい。

3 $P=Q+R$である。また，抵抗器B，Cに加わる電圧は等しいので，抵抗の小さい抵抗器

Bに流れこむ電流の大きさ$Q$が，抵抗器Cに流れこむ電流の大きさ$R$よりも大きくなる。よって，電流の大きさは，$R<Q<P$となる。

4 十字形の金属板と，蛍光面にできているかげの位置から，電子は電極Aから電極Bへ流れていることがわかる。また<u>電子は，－極から＋極へ流れる</u>ことから，電極Aが－極，電極Bが＋極であるとわかる。

5 **ア**は磁力，**イ**は摩擦で生じる熱について述べたもので，また，**エ**は，石がぶつかり合ったとき，飛び散った小片が摩擦の熱で発火したものである。**ウ**は静電気による現象である。

6 (1)図1で，Xは<u>抵抗器に並列につながっているので電圧計</u>，Yは<u>回路に直列につながっているので電流計</u>である。

(2)結果の表から，電圧が2倍，3倍，…になると電流も2倍，3倍，…になっていることがわかるので，<u>抵抗器に加わる電圧と流れる電流の大きさは比例している</u>といえる。

(3)直列回路では，<u>回路全体の抵抗は各抵抗の和になる</u>ので，図2の回路全体の抵抗は図1の2倍になる。つまり，同じ大きさの電圧を加えたときに流れる電流は$\frac{1}{2}$になる。よって，原点と(2.0, 0.03)，(4.0, 0.06)，(6.0, 0.09)，(8.0, 0.12)を通る直線をかけばよい。

(4)電圧の大きさが4.0Vのとき，図2を流れる電流は0.06Aである。
電力量〔J〕=電流〔A〕×電圧〔V〕×時間〔s〕より，
0.06〔A〕×4.0〔V〕×300〔s〕=72〔J〕

7 (1)電熱線Aについて，6.0Vの電圧を加えて1.5Aを示したから，$\frac{6.0（V）}{1.5（A）}=4.0$〔Ω〕

(2)電気器具に表示されている<u>ワット数（消費電力）</u>は，その値が大きいほど，光や音，熱，運動などのはたらきは大きい。

8 (1)電流計は調べる抵抗器に直列に，電圧計は調べる抵抗器に並列になるようにつなぐ。

(2)**図2**より，電圧は6.0V，電流は60mA=

0.06Aである。よって，抵抗の大きさは
$$\frac{6.0〔V〕}{0.06〔A〕}=100〔Ω〕$$

(3) 直列回路全体の抵抗は，それぞれの抵抗の和になり，並列回路全体の抵抗は，それぞれの抵抗より小さくなる。そのため図5では，抵抗が大きく電流が流れにくい下のグラフが図3の結果を，抵抗が小さく電流が流れやすい上のグラフが図4の結果を表していることがわかる。また，それぞれの回路の全体の抵抗は図3が$\frac{8〔V〕}{0.1〔A〕}=80〔Ω〕$，図4が$\frac{8〔V〕}{0.4〔A〕}=20〔Ω〕$となる。これより，抵抗器QとRは50Ωか30Ωのいずれかであり，抵抗器Sは60Ωとわかる。このとき抵抗器Rの抵抗を$x$Ωとすると，
$$\frac{1}{x}+\frac{1}{60}=\frac{1}{20} \quad x=30〔Ω〕$$より抵抗器Rは30Ω，Qは50Ωとなる。

---

## POINT

電流と電圧の関係を調べる実験

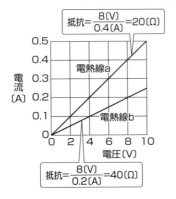

電源装置　スイッチ
電熱線a
電圧計　電流計　電熱線b

↓

抵抗の大きさがちがう
電熱線a，bの電流と
電圧の関係を調べる。

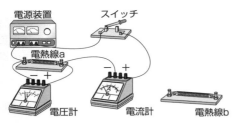

$抵抗=\frac{8〔V〕}{0.4〔A〕}=20〔Ω〕$

電流〔A〕
電熱線a
電熱線b
電圧〔V〕

$抵抗=\frac{8〔V〕}{0.2〔A〕}=40〔Ω〕$

---

【考察】
・電流は電圧に比例する。
・電熱線bのほうが，電流が流れにくい。
→電熱線bのほうが抵抗が大きい。

(4) 回路の電圧を8Vにしたとすると，図3の抵抗器Rに加わる電圧は，30〔Ω〕×0.1〔A〕＝3Vになり，1秒間あたりの発熱量は0.1〔A〕×3〔V〕×1〔s〕＝$\frac{3}{10}$〔J〕，図4の抵抗器Rを流れる電流は$\frac{8〔V〕}{30〔Ω〕}=\frac{8}{30}$〔A〕より，発熱量は$\frac{8}{30}$〔A〕×8〔V〕×1〔s〕＝$\frac{64}{30}$〔J〕
これより，図3の抵抗器Rで1秒間あたりに発生する熱量は図4の$\frac{3}{10}÷\frac{64}{30}=\frac{9}{64}$より，$\frac{9}{64}$倍となる。

9 (1) 種類が異なる物質でできた物体をこすり合わせたときに発生し，物体にたまった電気を静電気または摩擦電気という。

(2) 異なる種類の物質でできた物体をこすり合わせると，一方の物体が＋の電気を帯び，もう一方の物体が−の電気を帯びる。異なる種類の電気の間には引き合う力がはたらき，同じ種類の電気の間にはしりぞけ合う力がはたらく。

# 光・音

## 入試問題で実力チェック！ →本冊P.9〜11

**1** (1) 全反射

(2) **ア**

(3) **右図**

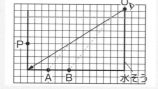

(4) **b, c**

（順不同）

(5) **X方向に2マス**

**2** (1) **イ** (2) **エ** (3) **オ**

(4) （例）**画用紙と虫めがねの距離が焦点距離より近いため，虫めがねを通った光は広がり，実像ができないから。**

**3** (1) （例）**振幅が小さくなるため**

(2) **イ** (3) **ア**

**4 ア**

## 解説

**1** (1) 光がガラス中や水中から空気中へ進むとき，入射角が一定以上大きくなると，境界面を通りぬける光がなくなり，すべての光が反射する。この現象を全反射という。

(2) 光が空気中からガラス中に入射したとき，屈折角は入射角より小さくなり，ガラス中から空気中へ入射したとき，屈折角は入射角より大きくなる。

(3) A点とB点から光が進む道すじは平行となる。A点から出た光が進む道すじと平行となる線をB点から引き，O点からの視線の線と交わったところが液面の高さとなる。

(4) **図あ**のように，鏡の左右の端で反射して花子さんに届く光の道すじを作図すると，aとdはこの範囲から外れ，花子さんからは見えないことがわかる。

(5) a，dから出て鏡の端で反射する光を作図すると**図い**のようになる。このことから花子さんがXの方向に2マス動いて点Qまで進むと，a，dに立てた棒も見えるようになる。

図あ

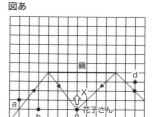

図い

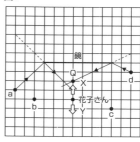

**2** (1) **ア**と**ウ**は光の反射による現象である。また，**エ**は線香のけむりの粒に光があたって乱反射し，光が見えやすくなる現象である。

(2) スクリーン上にできる実像は，実物と上下左右が逆向きになる。

(3) 虫めがねとスクリーンが遠ざかるほど，スクリーンにできる像は大きくなる。これらのことから，虫めがねとスクリーンが最も遠ざかる10.0cmのときに最も大きい像ができると考えられる。

(4) 虫めがねの位置が10.0cmでは像ができ，5.0cmでは像ができないことから，虫めがねの焦点は5.0cmと10.0cmの間にあることがわかる。虫めがねの位置が5.0cmのときは，画用紙が焦点より虫めがねに近い位置にある。このときにはスクリーンに像はできず，虫めがねを通して見ると，上下左右が光源と同じ向きの虚像が見える。

**3** (1) 音の大きさは振幅によって決まる。時間とともに弦のゆれ（振幅）は小さくなるので，音が小さくなる。

(2) **ア，イ**：音の高さは振動数によって決まる。弦の長さが長いほど振動数は少なくなるので，音は低くなる。よって，**イ**が正しい。
**ウ，エ**：弦を強くはじくと振幅が大きくなるので，音の大きさは大きくなるが，音の

高さは変わらない。

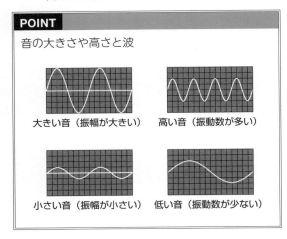

大きい音（振幅が大きい）　　高い音（振動数が多い）

小さい音（振幅が小さい）　　低い音（振動数が少ない）

(3) 弦の張りを強くすると，振動数が多くなり，高い音が出るようになる。したがって，**図2**よりも振動数が多い**ア**を選ぶ。

**4** 空気中を伝わる音の速さは光の速さに比べておそいため，雷が見えてから音が聞こえるまでに時間がかかる。表から，光が見えてから音が伝わるまでの時間は7秒である。
（観測した場所から）雷までの距離〔m〕＝音の速さ〔m/s〕×音が伝わる時間〔s〕より，
340〔m/s〕×7〔s〕＝2380〔m〕
　　　　　　　　　　＝2.38〔km〕

---

**入試問題で実力チェック！**→本冊P.13～15

**1** ア
**2** ウ
**3** (1)**0.5**
　　(2)**エ**

**4** 右**図1**
**5** (1)①**力の合成**
　　　②右**図2**
　　(2)**イ**

図1
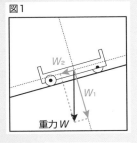
$W_2$　$W_1$　重力 $W$

図2
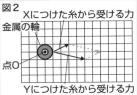
Xにつけた糸から受ける力
金属の輪
点O
Yにつけた糸から受ける力

**6** (1)右**図3**
　　(2)**1.5g/cm³**
　　(3)**オ**
　　(4)**0.64N**
　　(5)**エ**

図3
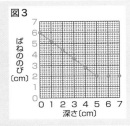
ばねののび〔cm〕
深さ〔cm〕

**解説**

**1** ジュールは電力量や熱量，仕事の大きさを表す単位，ワットは電力や仕事率を表す単位，キログラムは質量を表す単位である。

**2** 月面上の物体にはたらく重力の大きさは，地球上の物体にはたらく重力の大きさの約$\frac{1}{6}$なので，月面上での物体の重さは，地球上での物体の重さの約$\frac{1}{6}$になる。質量は，地球上と月面上で変わらない。

**3** (1)ばねばかり3が示す値は，糸3がばねAを引く力の大きさに等しく，その力はばねAが糸3を引く力と糸2がばねAを引く力の合力と等しい。合力は
0.3〔N〕＋0.2〔N〕＝0.5〔N〕である。

　　(2)**ア，イ**：**図3**より0.4Nの力でばねを引いたときののびは，ばねAは10cm，ばねBは4cmとなり，同じ大きさの力で引くと

ばねＡののびのほうが大きい。

**ウ**：それぞれのばねが６cmのびたときの力の大きさは，ばねＡが0.24N，ばねＢが0.6Nとなり，ばねＢを引く力の大きさは，ばねＡを引く力の大きさの2.5倍となる。

**エ**：ばねＢののびが８cmのとき，ばねＢを引く力の大きさは0.8Nである。ばねＡを0.8Nの力で引くと，20cmのびる。

**4** 重力が対角線となり，斜面に垂直な方向の分力$W_1$と，斜面に平行な方向の分力$W_2$がとなり合う２辺となるような平行四辺形を作図する。

**5** (1)①1つの物体にはたらく複数の力から同じはたらきをする1つの力を求めることを力の合成といい，力の合成によって得られた力を合力という。

②Ｘにつけた糸から受ける力とＹにつけた糸から受ける力がとなり合う２辺となるような平行四辺形を作図すると，その平行四辺形の対角線が合力となる。

(2)**図1**と**図2**では左向きに引く力の大きさ（Ｚが示す値）は同じである。そこで，**図1**と**図2**で同じ大きさの力をＸとＹの向きに引く力に分解し，その大きさを比べてみる。

**6** (1)表では最も大きいばねののびが6.0cmなので，その値が入るように縦軸に数値を入れる。

(2)表より，ばねののびは深さが5.0cm以降のとき一定になっているので，物体Ａの高さは5.0cmとわかる。よって，物体Ａの体積は
16〔cm²〕×5.0〔cm〕＝80〔cm³〕 また，100gの物体にはたらく重力の大きさは1Nなので，重さ1.2Nの物体Ａの質量は120gである。

よって，密度〔g/cm³〕＝$\dfrac{質量〔g〕}{体積〔cm³〕}$であるので，$\dfrac{120〔g〕}{80〔cm³〕}$＝1.5〔g/cm³〕である。

(3)水圧は物体の表面に垂直にはたらき，水深が深いほど大きい。また，水面からの深さが同じであれば水圧の大きさは同じである。

(4)このとき使用したばねは，重さが1.2Nの物体をつるすと6.0cmのびる。深さ$x$が

4.0cmのとき，ばねののびは2.8cmなので，このときばねに加わる力の大きさを$a$Nとすると，1.2：6.0＝$a$：2.8より，$a$＝0.56〔N〕
これより，浮力の大きさは
1.2－0.56＝0.64〔N〕となる。

(5)浮力は物体の上面で下向きにはたらく水圧より，下面で上向きにはたらく水圧のほうが大きいことから，上向きの力である。また，表より水中にある物体の体積が大きくなるほど浮力が大きくなり，全て沈んだあとは変わらないことがわかる。

# 仕事とエネルギー

## 入試問題で実力チェック！ →本冊P.17~19

**1** (1)**50N**
(2)**35J**
**2** (1)**7.2秒**
(2)**60cm**
**3** (1)**点B**
(2)**右図**
**4** (1)**ウ** (2)**4m/s**
(3)**イ** (4)**ア**
**5** (1)**2.5N** (2)**0J** (3)**0.2W** (4)**27cm**
(5)①**ア** ②**ウ** (6)**ア**

点Cから測った
水平方向の距離

## 解説

**1** (1)5.0kg＝5000g
質量100gの物体にはたらく重力の大きさ
が１Nなので，5000gの物体にはたらく
重力の大きさ（重さ）は，5000÷100＝
50〔N〕となる。

(2)**仕事〔J〕＝物体に加えた力の大きさ〔N〕×**
**物体が力の向きに移動した距離〔m〕**より，
50〔N〕×0.7〔m〕＝35〔J〕

**2** (1)$\dfrac{36〔cm〕}{5.0〔cm/s〕}$＝7.2〔s〕

(2)質量1.5kgの台車Xにはたらく重力の大き
さは15N。これを36cm持ち上げる仕事
の大きさは15〔N〕×0.36〔m〕＝5.4〔J〕
である。求める台車Xが斜面上を移動した
距離を$x$mとすると，**図2**の滑車Aは動滑
車であるので仕事の原理より，手が糸を引
いた長さは$2x$である。これより，4.5〔N〕×
$2x$〔m〕＝5.4〔J〕より，$x$＝0.6m＝60cm
となる。

**3** (1)力学的エネルギーは保存されるので，位置
エネルギーが減少するとともに運動エネル
ギーが増加し，速さが大きくなる。そのた
め最も低い位置にある点Bでの速さが最も
大きくなる。

(2)点Aでの位置エネルギーの大きさがaなの
で，どの場所でも位置エネルギーと運動エ
ネルギーの和はaとなる。

**4** (1)おもりには重力と糸がおもりを引く力だけ
がはたらく。

(2)物体の平均の速さ〔m/s〕＝$\dfrac{移動距離〔m〕}{かかった時間〔s〕}$
より，$\dfrac{0.16〔m〕}{0.04〔s〕}$＝4〔m/s〕

(3)位置エネルギーと運動エネルギーはたがい
に移り変わる。

(4)おもりが1往復する時間は，ふりこの長さ
によって決まるので，おもりの質量を変え
ても変化しない。一方，質量が大きくなれ
ば，運動エネルギーは大きくなる。

**5** (1)250÷100＝2.5〔N〕

(2)垂直抗力は物体が運動する向きにはたらい
ていないので，仕事は0Jである。

(3)$\dfrac{2.5〔N〕×0.16〔m〕}{2〔s〕}$＝0.2〔W〕

(4)移動した距離を$x$cmとすると，表より
4.0：7.2＝15.0：$x$ $x$＝27〔cm〕

(5)物体を滑らせてから点Aまでは，位置エネ
ルギーが運動エネルギーに移り変わるため，
運動エネルギーは大きくなる。点Aから静
止するまでは，運動の向きとは反対向きに
はたらく摩擦力によって，運動エネルギー
は小さくなっていき，やがて0になって止
まる。

(6)高さ18.0cmから物体を滑らせたときの
ＡＢ間を移動した距離を$y$cmとすると，
(4)と同様に4.0：7.2＝18.0：$y$ $y$＝
32.4〔cm〕となる。ＡＢの中点Cから斜面
Yが始まるので，32.4－（40.0÷2）＝
12.4〔cm〕分の運動エネルギーの大きさが，
斜面Yを上がったときの位置エネルギーの
大きさと同じになる。よって，上がった高
さを$z$cmとすると，
4.0：7.2＝$z$：12.4より，$z$＝6.88…
約6.9cm

入試問題で実力チェック！ →本冊**P.21**

**1** 右図
**2** (1)**40cm/s**
(2)**等速直線運動**
(3)**ウ**
(4)**エ**

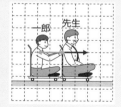

#### 解説

**1** 反対の向きに，同じ大きさの力を受ける。

**2** (1) 1秒間に50打点するので，5打点にかかる時間は，$\frac{5}{50} = 0.1$〔s〕 したがって，$\frac{4.0〔cm〕}{0.1〔s〕} = 40$〔cm/s〕

(2) テープの長さが等しいことから，台車の速さは一定であることがわかる。一定の速さで一直線上を動く運動を等速直線運動という。

(3) 実験1の台車では，おもりが床に到達するまでは，台車の速さが一定の割合で大きくなり，おもりが床に到達したあとは引く力が加わらないので等速直線運動となる。実験2の木片では，運動の向きと逆向きに摩擦力がはたらくので，速さが速くなる割合が台車のときより小さくなり，おもりが床に到達するまでの時間も長くなる。おもりが床に到達したあとは，摩擦力によって木片は減速し，やがて止まる。

(4) 斜面上にある台車にはたらく重力は，斜面に平行な分力と，斜面に垂直な分力に分解される。実験3では，糸が台車を引く力のほかに，斜面に平行な分力が一定の大きさではたらき続けるので，実験1のときより速さの変化する割合が大きくなる。

入試問題で実力チェック！ →本冊**P.23**

**1** ア
**2** (1)**10Ω** (2)**ア**
(3)**エ**

#### 解説

**1** 図では棒磁石のN極を近づけている。検流計の針のふれを逆向きにするためには，棒磁石のN極を遠ざけるか，S極を近づけるとよい。

**2** (1) $\frac{5.0〔V〕}{0.5〔A〕} = 10$〔Ω〕

(2) コイルが磁界から受ける力の向きは，磁界の向きか電流の向きのどちらか一方を変えると逆向きになる。イ～エでは，力の大きさは変化するが，向きは変化しない。

(3) コイルに流れる電流の大きさが大きいほど，コイルが磁界から受ける力の大きさは大きくなる。よって，回路全体を流れる電流の大きさを比べればよい。$F_1$：電流の大きさは0.5Aである。$F_2$：直列回路なので，回路全体の抵抗は各抵抗器の抵抗の和になり，電流の大きさは0.5Aよりも小さくなる。$F_3$：並列回路なので，回路全体の抵抗は各抵抗器の抵抗よりも小さくなり，電流の大きさは0.5Aよりも大きくなる。よって，$F_3 > F_1 > F_2$となる。

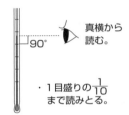

●温度計

真横から
読む。

90°

・1目盛りの$\frac{1}{10}$
まで読みとる。

●こまごめピペット

1．親指と人さし指でゴム球
を押して，先端を液の中に
入れ，親指をゆるめて，液
体を吸い込む。

2．ゴム球を軽く押して液体
を出す。

---

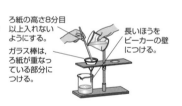

入試問題で実力チェック！→本冊P.25〜27

1　順に，エアウオイ

2　エ

3　ろ過

4　2.9g/cm³

5　ア，イ（順不同）

6　記号：ウ　集め方：上方置換法
　性質：（例）水にとけやすい，空気より密度
　が小さい（空気より軽い）

7　イ，ウ（順不同）

8　(1)1.5g/cm³　(2)エ
　(3)液体：イ
　実験結果：（例）ポリプロピレンはなたね油
　に浮き，ポリエチレンはなたね油に沈む。

9　オ

10　ウ

11　(1)ウ　(2)c，d（順不同）　(3)NH₃
　(4)上方置換法

### 解説

1　ガス調節ねじを開いて炎の大きさを調節して
　から，空気調節ねじを開いて青い炎になるよ
　うに空気の量を調節する。

2　ねじAが空気調節ねじ，ねじBがガス調節ね
　じである。どちらもPの向きに回すと閉まり，
　Qの向きに回すと開く。

3　混合物を固体と液体に分ける操作をろ過とい
　う。ろ紙をつけたろうとに，液体をガラス棒
　に伝わらせながら入れる。

### POINT
実験器具の使い方
●ろ過

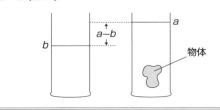

ろ紙を湿らせて
ろうとに密着
させる。

ろ紙の高さ8分目
以上入れない
ようにする。

ガラス棒は，
ろ紙が重なっ
ている部分に
つける。

長いほうを
ビーカーの壁
につける。

---

4　密度〔g/cm³〕＝$\frac{質量〔g〕}{体積〔cm³〕}$である。図より，
　石灰岩の体積は，50.0−40.0＝10.0〔cm³〕
　よって，密度は，$\frac{29〔g〕}{10.0〔cm³〕}$＝2.9〔g/cm³〕

### POINT
複雑な形の物体の体積のはかり方
　複雑な形の物体の体積は，メスシリンダーの水
の増加分から求める。下の図で，物体の体積は
$a−b$〔cm³〕

物体

5　石灰水に二酸化炭素を通すと白くにごる。ま
　た，二酸化炭素は水にとけると水溶液は酸性
　を示す。フェノールフタレイン溶液は，酸性
　と中性で無色，アルカリ性で赤色に変わる試
　薬なので，適さない。

6　アンモニアは水に非常にとけやすく，空気よ
　り密度が小さい（空気より軽い）ので，上方置
　換法で集める。

7　有機物には炭素が含まれる。

8　(1)$\frac{4.3〔g〕}{2.8〔cm³〕}$＝1.53…≒1.5〔g/cm³〕

(2) 水より密度が大きい物質は沈み，密度が小さい物質は浮く。密度は物質によって決まっていて，質量や体積を変えても変わらない。

(3) 実験③で水に浮いたのは，密度が水よりも小さいポリエチレンとポリプロピレンである。この2つを区別するためには，密度が2つの物質の間のものを選ぶとよい。

**9** 酸素は水にほとんどとけないので，水上置換法で集めるとよい。

**10** 発生した気体を水と置き換えながら気体を集める図のような方法を水上置換法という。

**11** (1) 酸素は物質を燃やす性質（助燃性）があるので，火のついた線香を近づけると激しく燃える。

(2) aでは酸素が，bでは水素が発生する。

(3) 発生する気体はアンモニアである。

(4) アンモニアは水に非常にとけやすく，空気より密度が小さい（軽い）ので，上方置換法で集める。

**入試問題で実力チェック！ →本冊P.29〜31**

**1** (1)$CO_2$ (2)ア，エ（順不同）
(3)ウ (4)ウ

**2** X：エ Y：ア Z：イ
（Y，Zは順不同）

**3** 1.2g

**4** (1)二酸化炭素
(2)質量保存の法則
(3)ウ
(4)右図
(5)1.13g
(6)①イ
②ウ

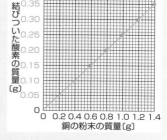

**5** (1)オ
(2)（例）（銅やマグネシウムが）すべて酸素と反応したから。
(3)カ (4)2.16g

**6** イ

**解説**

**1** (1) 酸化銅と炭素の粉末との混合物を加熱すると，酸化銅が還元されて銅ができ，炭素が酸化されて気体の二酸化炭素が発生する。

(2) **イ**の水の電気分解では酸素と水素，**ウ**の塩化銅水溶液の電気分解では銅と気体の塩素が発生する。また，**オ**のように亜鉛にうすい塩酸を加えると，水素が発生する。

(3) 酸化と還元は同時に起こる。

(4) 酸化銅を炭素で還元させる反応を化学反応式で表すと次のようになる。
$2CuO + C \rightarrow 2Cu + CO_2$

**2** 化学変化の前後で物質全体の質量が変わらないことを<u>質量保存の法則</u>という。

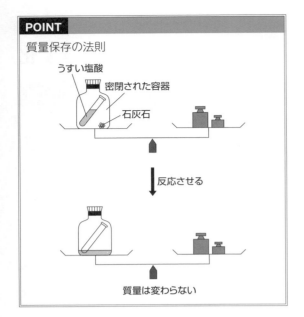
**3** 化学変化のとき，分解したり結びついたりする物質の質量の割合は常に一定である。よって，酸化銅0.5gから銅が0.4gできるので，1.5gの酸化銅からできる銅の質量を$x$gとすると，$0.5：0.4＝1.5：x$　$x＝1.2$〔g〕

**4** (1)炭酸水素ナトリウムとうすい塩酸を混ぜ合わせると，塩化ナトリウムと水，二酸化炭素ができる。

(2)密閉した容器中で反応が起こった場合，発生した気体が容器の外へ出ていかないので，質量保存の法則が成り立っていることがわかる。

(3)ふたを開けると発生した二酸化炭素が容器の外へ出ていくため，その分だけ質量が減少する。

(4)結びついた酸素の質量＝酸化銅の質量－銅の粉末の質量である。銅の粉末が1.40gのときの結びついた酸素の質量は1.75－1.40＝0.35〔g〕より，縦軸の最大値を0.35より大きくする。

(5)できる酸化銅の質量を$x$gとすると，$1.00：1.25＝0.90：x$より，$x＝1.125$〔g〕小数第3位を四捨五入して，1.13g

(6)酸化銅は炭素によって還元される。酸化銅が結びついていた酸素は，炭素と結びついて二酸化炭素となり空気中に出ていくので，銅の質量は酸化銅の質量より小さくなる。

**5** (1)赤色の銅は黒色の酸化銅に，銀色のマグネシウムは白色の酸化マグネシウムになる。

(2)銅やマグネシウムがすべて反応してしまうと，それ以上酸素が結びつくことができず質量は増加しない。

(3)1.80gの銅は2.25gの酸化銅になることから結びついた酸素は0.45gで銅と結びつく酸素の質量比は$1.80：0.45＝4：1＝8：2$となる。1.80gのマグネシウムは3.00gの酸化マグネシウムになることから結びついた酸素は1.20gで，マグネシウムと結びつく酸素の質量比は$1.80：1.20＝3：2$となる。よって，同じ質量の酸素と結びつく銅とマグネシウムの質量比は，8：3である。

(4)混合物に含まれる銅の質量を$x$g，マグネシウムの質量を$y$gとすると，

$x＋y＝3.00…①$

また，加熱して銅と結びつく酸素の質量比は4：1，マグネシウムと結びつく酸素の質量比は3：2なので，加熱後の混合物の質量は，

$$\frac{4＋1}{4}x＋\frac{3＋2}{3}y＝4.10…②$$

となる。$①×\frac{5}{3}－②$より，$x＝2.16$〔g〕

**6** 石灰石とうすい塩酸を反応させると気体の二酸化炭素が発生する。$Z$では，発生した二酸化炭素が空気中に出ていくので，その分だけ質量は小さくなる。

# 酸・アルカリと電池

## 入試問題で実力チェック！ →本冊P.33〜35

**1** イ

**2** イ

**3** ア，イ，エ（順不同）

**4** (1)（例）アルミニウムが電子を失い，アルミニウムイオンになった。

(2)ウ，オ（順不同）

**5** (1)マグネシウム，亜鉛，銅

(2)（例）マグネシウムがマグネシウムイオンとなるときに放出した電子を，亜鉛イオンが受けとり亜鉛原子となる。

(3)①ア　②ウ

(4)ウ　(5)①ア　②エ

**6** (1)酸性　(2)0.16g

(3)ウ

(4)①$H^+$　②$OH^-$　③中和

(5)①B　②A

### 解説

**1** 食酢は酸性であり，食酢を中和することができるのはアルカリ性の物質である。食塩や砂糖が水にとけた水溶液は中性を示し，レモン汁は酸性である。アルカリ性なのは，重そう（主成分は炭酸水素ナトリウム）をとかした水溶液である。

**2** BTB溶液を加えると青色になるのは，アルカリ性の水溶液である。アルカリ性の水溶液は，赤色のリトマス紙を青色に変え，酸性・中性では無色のフェノールフタレイン溶液を入れると赤色になる。

**3** 中和によってできる塩（えん）は，アルカリの陽イオンと，酸の陰イオンが結びついてできた物質で，中性にならなくてもできる。

**4** (1)木炭電池は，電極としてアルミニウムはくと木炭を，電解質の水溶液として食塩水を使っている。電子を失うアルミニウムはくが－極となる。

(2)食塩水のかわりとなるのは，電解質の水溶液である。

**5** (1)イオンになりやすい金属のイオンを含む水溶液に，イオンになりにくい金属の板を入れても変化はしないが，イオンになりにくい金属のイオンを含む水溶液に，イオンになりやすい金属の板を入れると，イオンになりやすい金属はとけ出して金属の板はうすくなり，板には水溶液中のイオンになりにくい金属が単体となって付着する。

(2)亜鉛とマグネシウムでは，マグネシウムのほうがイオンになりやすい。そのためマグネシウムは電子を放出してマグネシウムイオンとなり，水溶液中の亜鉛イオンは電子を受けとり亜鉛原子となる。

(3)イオンになりやすい金属でできた金属板が－極となり，金属が放出した電子が＋極に向かって移動する。電流の向きは，電子が移動する向きと逆向きになる。

(4)－極側に$Zn^{2+}$がふえ続け（＋の電気がふえる），＋極側の$Cu^{2+}$が減り続けて$SO_4^{2-}$ばかりになると，－の電気をもつ電子が－極側から＋極側に移動しにくくなり電流が流れにくくなってしまう。小さな穴があいているセロハンを用いることで，$Zn^{2+}$と$SO_4^{2-}$が移動して電気的なかたよりができないようにしている。

(5)実験1より，亜鉛よりもマグネシウムのほうがイオンになりやすいので，マグネシウムが電子を放出してイオンになり，亜鉛板側では亜鉛イオンが電子を受けとって亜鉛原子となる。電子の移動する向きは，実験2とは逆向きになる。

**6** (1)BTB溶液が黄色に変化しているので酸性である。

(2)２％の水酸化ナトリウム水溶液の密度が$1.0g/cm^3$なので，８$cm^3$の質量は８gである。

質量パーセント濃度〔％〕
$$=\frac{溶質の質量〔g〕}{溶液の質量〔g〕}\times100$$

より，２％の水酸化ナトリウム水溶液に含まれる水酸化ナトリウムの質量は，$8\times\frac{2}{100}=0.16〔g〕$

(3)BTB溶液は，黄色→酸性，緑色→中性，

青色→アルカリ性を示す。牛乳，食塩水は中性，炭酸水，レモン水は酸性，石けん水，アンモニア水，炭酸ナトリウム水溶液，石灰水はアルカリ性である。

(4)酸性の水溶液中の水素イオンと，アルカリ性の水溶液中の水酸化物イオンが結びついて水が生じることで，たがいの性質を打ち消し合う反応が中和である。

(5)①水酸化物イオンの数は中性になるまでは中和に使われるので0となり，その後はふえていく。
②塩化物イオンの数は，水酸化ナトリウム水溶液を加えても変化しないので，はじめにビーカーに含まれていた数のまま一定である。

**入試問題で実力チェック！** →本冊P.37~39

**1** (1)融点　(2)イ
**2** ①イ　②ア
**3** イ
**4** ア
**5** ア：溶質　イ：溶媒
**6** (1)蒸留　(2)12%
　　(3)5分後　(4)EBDCA
**7** オ
**8** (1)(a)A：〇　B：〇　C：✕
　　(b)イ
　　(2)(a)C　(b)18%

**解説**

**1** (1)物質が固体から液体に変化するときの温度を融点，液体が沸騰して気体に変化するときの温度を沸点という。水の融点は0℃，沸点は100℃である。

(2)融点（0℃）以下では固体，a点（融点）では固体と液体，0~100℃では液体，b点（沸点）では液体と気体，沸点（100℃）をこえると気体の状態になる。

**2** 水が液体から固体になるときの状態変化では次のようになる。
質量→変化しない。　体積→大きくなる。
密度→小さくなる。
一方，水以外の物質が液体から固体になるときの状態変化では，質量が変化しないのは水と同じであるが，体積は小さくなり，密度は大きくなるので注意すること。

**3** 融点と沸点の間の温度では，物質は液体の状態である。

**4** イ：水溶液の濃さは，時間がたってもどこも同じ。ウ：ろ過は固体が混じった液体を固体と液体に分ける方法である。食塩水をろ過した液には食塩が含まれるので，水を蒸発させると食塩が残る。エ：水溶液の質量は，とかす前の食塩と水の質量の合計に等しい。

(b)表より，10℃の水50gにとける硝酸カリウムは11.0gなので，15gの硝酸カリウムはとけきらず，11.0gがとけた飽和水溶液となっている。よって，質量パーセント濃度は$\dfrac{11.0(g)}{11.0(g)+50(g)}\times100=18.0\cdots$より，18％となる。

---

| POINT |
| --- |
| 水溶液の特徴 |
| ①透明（色がついているものもある） |
| ②濃度はどこも同じ |
| ③時間がたってもとけていたものが下に沈んでこない |

**5** 溶媒が水のときの溶液を，水溶液という。

**6** (1)蒸留を利用すると，混合物中の物質の沸点のちがいにより，物質を分離することができる。

(2)質量パーセント濃度〔%〕＝$\dfrac{\text{溶質の質量〔g〕}}{\text{溶質の質量〔g〕＋溶媒の質量〔g〕}}\times100$より，$\dfrac{9(g)}{9(g)+64(g)}\times100=12.3\cdots$
よって，12％

(3)温度の上昇がゆるやかになる約5分後に沸騰が始まったと考えられる。このときの温度は，エタノールの沸点付近の温度である。

(4)水とエタノールの混合物を加熱すると，沸点の低いエタノールを多く含む気体が先に出てくる。エタノールにはにおいがあり，火をつけると燃える。その後温度が上昇して出てくる気体にはエタノールがほとんど含まれず，おもに水が含まれているため，においがなく，火をつけても燃えない。

**7** Aは気体，Bは固体，Cは液体の状態を表したモデルである。エタノールは熱湯をかける前は液体であり，熱湯をかけた後は気体になっている。

**8** (1)(a)**図2**のグラフは，100gの水にとける物質の量を表している。実験では50gの水にとかしているので，グラフの値の半分の質量がとけることがわかる。グラフより，水の温度が20℃では，塩化ナトリウムは約19g，硝酸カリウムは約15g，ミョウバンは約5gとけることがわかる。
(b)**図2**より，60℃の水100gに硝酸カリウムは約110gとけることから，50gの水には約55gとけることがわかる。実験でとけているのは15gなので，あと55－15＝40〔g〕とかすことができる。

(2)(a)表より，10℃の水50gにとける質量は，

## 入試問題で実力チェック！ →本冊**P.41**

1 エ
2 (1)ア (2)**Fe＋S→FeS**

### 解説

1 **ア**：再結晶の操作である。**イ**：酸化銅が還元され，炭素が酸化される反応である。**ウ**：水の状態変化である。

2 (1)鉄粉と硫黄の混合物を加熱すると，結びついて硫化鉄ができる。鉄は磁石に引きつけられるが，硫化鉄は引きつけられない。また，加熱前の混合物にうすい塩酸を入れると，鉄と反応してにおいのない水素が発生するが，加熱後の硫化鉄では卵のくさったようなにおいのする硫化水素が発生する。

(2)化学反応式では，反応前の物質を矢印の左側に，反応後の物質を右側に書き，矢印の左右で各原子の種類と数が等しくなるようにする。

## 入試問題で実力チェック！ →本冊**P.43**

1 (1)**3，5**（順不同） (2)**4**
2 (1)ア (2)エ (3)ウ

### 解説

1 (1)<u>イオンは原子が電子を受けとり－の電気を帯びたり，電子を失い＋の電気を帯びたりしたものである</u>。よって，電子と陽子の数が異なり，電気的につり合わない状態にある。

(2)<u>同位体は陽子の数は同じであるが，中性子の数が異なる原子どうしのことである</u>。

2 (1)電源装置の＋，－から，炭素棒Ａが陰極，炭素棒Ｂが陽極であることがわかる。陰極では陽イオンである銅イオンが電子を受けとり，銅原子となって付着する。陽極では陰イオンである塩化物イオンが電子をわたして塩素原子となり，２個の塩素原子が結びついて塩素分子となる。

(2)銅イオンは２個の電子を失った陽イオン$Cu^{2+}$である。塩化物イオンは１個の電子を受けとった陰イオン$Cl^-$と表し，２個で銅イオンとつり合っている。

(3)<u>水にとかすと電離して電流が流れる物質を電解質，水にとかしても電離せず電流が流れない物質を非電解質</u>という。

**POINT**

塩化銅水溶液の電気分解のしくみ

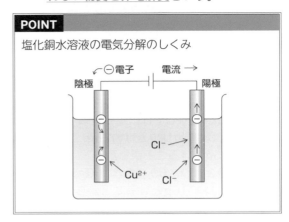

# 動物のつくりとはたらき

## 入試問題で実力チェック！ →本冊P.45〜47

**1** イ

**2** 肺胞

**3** (1)アミノ酸

(2)（例）小腸の表面積が大きくなるから。

**4** (1)ウ

(2)（例）小腸は養分を吸収し，肝臓はその養分をたくわえるはたらきがあるから。

(3)40秒

**5** (1)タンパク質　(2)すい液

(3)①イ

②A1：エ　A2：ウ

　B1：ア　B2：エ

③（例）水ではデンプン溶液が変化しないことを確かめるため。

**6** (1)0.26秒

(2)運動神経　(3)BCACD

(4)反射

(5)（例）（外界からの刺激の信号が，）脳を通らず，脊髄から直接筋肉に伝わるから。

(6)ア　(7)イ

### 解説

**1** ア：像がつくられるのは網膜の上。ウ：においの刺激を受けとる細胞は鼻の奥のほうにある。エ：温度の刺激を受けとる部分（感覚点）は，皮膚の表面に分布していて，汗腺とは異なる。

**2** 肺は細かく枝分かれした気管支と，その先につながる肺胞という小さな袋が集まってできていて，肺胞のまわりを毛細血管が網の目のようにとり囲んでいる。

**3** (1)タンパク質はいろいろな消化酵素により，最終的にはアミノ酸となる。アミノ酸は柔毛で吸収され，毛細血管に入る。

(2)柔毛によって小腸の表面積を大きくして，効率よく養分を吸収している。

**4** (1)肺では肺胞内に入った空気中の酸素が血液

中にとりこまれ，全身の細胞呼吸でできた二酸化炭素が出される。腎臓では尿素などの不要な物質が余分な水分や塩分とともにこし出されて尿をつくる。

(2)養分は小腸で吸収されるので，小腸を通った後の血液中に多く含まれる。また，吸収された養分の一部は肝臓にたくわえられるため，肝臓を通った後は減少する。図のRが小腸，Qが肝臓である。

(3)体循環とは，心臓の左心室から送り出された血液が肺以外の全身を回り，心臓の右心房に戻る経路である。4000mLの血液が全て送り出されるためには，4000÷80＝50〔回〕の拍動が必要である。1分間（60s）に75回拍動することから，50回拍動するのにかかる時間は$60〔s〕×\dfrac{50}{75}〔回〕$＝40〔s〕

**5** (1)(2)消化液には，だ液や胃液，すい液などがある。消化酵素は種類によって分解できる物質が異なり，消化液に含まれるそれぞれの消化酵素は次のように物質を分解する。

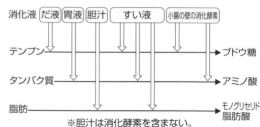

※胆汁は消化酵素を含まない。

(3)①消化酵素は体温に近い温度で最もよくはたらくため，ビーカーの水の温度も体温に近い温度にする。

②ヨウ素液はデンプンを検出する試薬で，デンプンがあると青紫色になる。ベネジクト液は麦芽糖などブドウ糖がいくつかつながったものを検出する試薬で，麦芽糖などがあるときには赤褐色の沈殿ができる。だ液を入れた試験管Aでは，デンプンは分解されて麦芽糖などができているので，ヨウ素液とは反応せず，ベネジクト液と反応する。水を入れた試験管Bでは，デンプンがそのまま残っているため，ヨウ素液と反応し，ベネジクト液とは反応しない。

③実験による結果のちがいがだ液によるも

のであることを確かめるため，だ液以外の条件を同じにして実験する。このような実験を対照実験という。

6 (1) 6人で実験をしているので，1.56÷6＝0.26〔秒〕となる。

(2)感覚器官からの信号を中枢神経に伝えるのが感覚神経，中枢神経からの命令の信号を伝えるのが運動神経である。

(3)手を握られてから隣の人の手を握るまでの信号は，皮膚→脊髄→脳→脊髄→筋肉と伝わる。

(4)(5)反射には脳がかかわっていないため，刺激を受けてから反応するまでの時間が短い。

(6)腕を曲げるときにはアの筋肉が縮み，イの筋肉がゆるむ。腕をのばすときにはアの筋肉がゆるみ，イの筋肉が縮む。

(7)反射は，危険からからだを守ったり，からだのはたらきを調節したりする役割をしている。

**POINT**

神経系

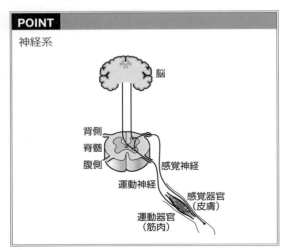

脳
背側
脊髄
腹側
感覚神経
運動神経
感覚器官（皮膚）
運動器官（筋肉）

**入試問題で実力チェック！→本冊P.49〜51**

1 ウ→イ→ア→エ

2 イ，オ（順不同）

3 (1)（例）乾燥を防ぐため。

(2)花粉管 (3)精細胞 (4)胚

(5)有性生殖

(6)（例）新しくできる個体は，もとの個体とは異なるさまざまな形質を現す。

4 (1)（例）ひとつひとつの細胞を離れやすくするはたらき。

(2)酢酸カーミン（溶）液（酢酸オルセイン（溶）液，酢酸ダーリア（溶）液でも可）

(3)5mm (4)エ (5)エ

5 (1)ウ (2)ア

(3)①減数分裂 ②オ (4)エ

(5)（例）（体細胞分裂により子がつくられるため，）子は親の染色体をそのまま受けつぎ，子の形質は親と同じものになる。

**解説**

1 横から見ながらプレパラートと対物レンズの間をできるだけ近づけるのは，プレパラートと対物レンズがぶつからないようにするためである。

2 無性生殖では，受精を必要とせず，体細胞分裂によって新しい個体をつくる。

3 (1)花粉が花粉管をのばしていくためには適度な水分が必要である。

(2)(3)花粉の中では生殖細胞である精細胞がつくられる。花粉がめしべの柱頭につくと（受粉），花粉管が胚珠に向かってのびていき，精細胞は花粉管の中を移動する。

(4)花粉管が胚珠にとどくと，花粉管の中の精細胞の核が胚珠の中に入り，卵細胞の核と合体し，受精卵になる。その後，細胞分裂をくり返し，胚珠は種子になり，その中の受精卵は胚になる。

(5)雌雄の親がかかわって受精により新しい個

体をつくる生殖を<u>有性生殖</u>という。

(6)有性生殖では，両親のそれぞれの生殖細胞の核が合体するため，それぞれの遺伝子を受けつぎ，両親とは異なる形質をもつ子ができることがある。

**4** (1)塩酸には細胞壁どうしを結びつけている物質をとかし，ひとつひとつの細胞を離れやすくするはたらきがある。

(2)染色液には，細胞の活動を止め，核や染色体を染めて観察しやすくするはたらきがある。

(3)ＡＢ間は実験開始時には1mmであったが，48時間後には6mmになっているので，6－1＝5〔mm〕

(4)根の先端付近には，細胞分裂がさかんに行われている部分がある。<u>根の先端付近で細胞分裂してふえた細胞が，それぞれ大きくなることで根はのびていく。</u>**ア**は，開始後すぐにグラフが枝分かれしており，誤りである。**イ**は，グラフからＢＣ間の区間の長さが長くなっており，細胞分裂後大きくなっているといえる。**ウ**は，ＣＤ間の長さは変化がなく，細胞分裂は起こっていない。

(5)Ｘのような細胞分裂直前の細胞では染色体が複製され2本ずつくっついた状態になる。2本ずつくっついていた染色体が1本ずつに分かれ，2つの核ができ，細胞質も2つに分かれる。

**5** (1)ミジンコは全長1mm程度で小さいが，エビなどと同じ甲殻類の多細胞生物である。

(2)ゾウリムシは，体の表面にある口のはたらきをするところから食物をとり入れる生物である。からだの表面の細かい毛を使って移動する。

(3)生殖細胞がつくられるときに行われる細胞分裂が<u>減数分裂</u>である。染色体の数がもとの細胞の半分になるが，受精によってできた子がもつ染色体の数は親と同じになる。<u>体細胞分裂</u>では，染色体は分裂前に2倍にふえ，2つに分かれるので，数は変わらない。

(4)子Ｃがもつ黒色で表した染色体は親Ａにはないので，親Ｂはこの黒色で表した染色体

を少なくとも1本はもっていることがわかる。よって染色体の組み合わせは，黒黒または白黒で表したものとなる。

(5)無性生殖では体細胞分裂が行われるので，子は親の染色体をそのまま受けつぐことになり，子の形質は親と同じになる。

# 植物の特徴と分類

## 入試問題で実力チェック！ →本冊P.53〜55

**1** (1)**イウア**　(2)**a**　(3)**c**

　　(4)X：**わた毛**　Y：**風**

**2** (1)(a)あ：**ア**　い：**エ**

　　　(b)名称：**胚珠**　記号：**H**

　　　(c)**被子植物**　(d)**ウ**

　　(2)X：**ア**　Z：**ウ**

**3** (1)①**ア**　②**イ**　(2)**イ**

　　(3)**a，c**（順不同）

　　(4)（例）**からだを土や岩に固定するはたら
き。**（17字）

　　(5)①**胚珠**　②**イ，エ**（順不同）

### 解説

**1** (1)外側から**イ**の<u>がく</u>，**ウ**の<u>花弁</u>，**ア**の<u>おしべ</u>
の順である。

(2)図の a は柱頭である。花粉が柱頭につくこ
とを<u>受粉</u>という。受粉すると花粉は<u>花粉管
をのばす</u>。

(3)図の c は子房である。子房の中の<u>胚珠が種
子</u>になる。

**POINT**

被子植物の花

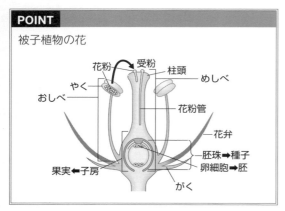

(4)タンポポのがくは，わた毛となり，これに
よって種子が風で遠くに運ばれる。

**2** (1)(a)スケッチは<u>小さな点と細い線ではっき
りとかき</u>，線を二重書きしたり，影をつ
けたりしない。

　　(b)雌花のりん片にあるＡは胚珠で，**図2**
のアブラナでは胚珠は子房（Ｇ）の中に

ある。

(c)アブラナのように胚珠が子房の中にあ
る植物を<u>被子植物</u>，マツのように胚珠
がむき出しになっている植物を<u>裸子植
物</u>という。

(d)アブラナの葉を見ると，葉脈は網目状
の網状脈である。<u>網状脈</u>をもつ植物は
<u>双子葉類</u>で，<u>子葉は2枚</u>，<u>茎の維管束
は輪のように並んでいる</u>。

**POINT**

双子葉類と単子葉類

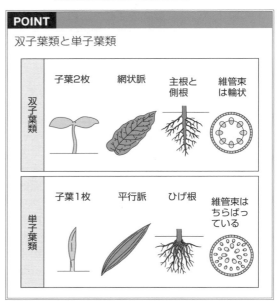

(2)Wのスギゴケには，葉・茎・根の区別がな
いが，Ｘはすべて葉・茎・根の区別がある。
Ｙは胞子をつくるなかまで，Ｚは種子をつ
くるなかまである。

**3** (1)<u>ルーペは目に近づけて持ち</u>，ルーペを動か
さずに，観察するものを前後に動かしてよ
く見える位置を探す。観察するものが動か
せないときは，自分が前後に動いてよく見
える位置を探す。

(2)マツは裸子植物，アブラナは被子植物，イ
ヌワラビはシダ植物，コスギゴケはコケ植
物で，それらすべてに葉緑体がある。

(4)イヌワラビは，葉・茎・根の区別があり，
根から水を吸収する。コスギゴケの根のよ
うに見える部分は仮根といい，からだを地
面に固定するはたらきをしていて，水分は
からだの表面から吸収している。

(5)裸子植物の例として，スギ，イチョウ，ソ
テツなどがある。

# 植物のつくりと はたらき

入試問題で実力チェック！→本冊P.57～59

**1** (1)**気孔** (2)**蒸散** (3)**二酸化炭素**

**2** (1)茎：**b** 葉：**c**

(2)**維管束** (3)**対照実験**

(4)①**B** ②**二酸化炭素**

③（例）**タンポポの葉が光合成を行うときに二酸化炭素を使ったから**

**3** (1)部分：**G** 名称：**師管**

(2)①の理由：**ア** ③の理由：**オ**

(3)**ア**

**4** (1)**道管**

(2)（例）**水面からの水の蒸発を防ぐ。**

(3)葉の表側：**ウ** 葉以外：**イ**

(4)減少量：**エ**

理由：（例）**明るくなると気孔が開いて蒸散量が多くなり、吸水量がふえるから。**

## 解説

**1** (1)2つの孔辺細胞に囲まれた小さな穴を気孔という。いっぱんに、葉の裏側の表皮に多く見られる。

(2)蒸散が行われることで、植物の根からの水の吸い上げもさかんに行われ、水をからだ全体にいきわたらせることができる。

(3)気孔は、呼吸や光合成における酸素や二酸化炭素の出入り口、蒸散における水蒸気の出口である。光合成によって使われる気体は、このうちの二酸化炭素である。

**2** (1)(2)道管や師管が集まった部分を維管束という。根からとり入れた水などは、道管を通ってからだ全体に運ばれる。道管は茎の部分では維管束の内側（中心に近いほう）にあり、葉では、維管束の中の表側にある。ふつう、気孔は葉の裏側に多く見られるので、図2の下が裏側、上が表側であることがわかる。

(3)調べたい条件だけを変えて、それ以外の条件は変えずに行う実験を対照実験という。対照実験を行うことで、結果のちがいが調

べたい条件によるものであることがわかる。

(4)手順1で息をふきこむことで、試験管A、Bの中の二酸化炭素が増加する。試験管Aではタンポポの葉が光合成を行うときに二酸化炭素を使うので二酸化炭素が減少し、石灰水はあまりにごらない。試験管Bは二酸化炭素がそのまま残っているので、石灰水がより白くにごる。

**3** (1)双子葉類では茎の維管束は輪のように並んでいる。維管束の内側にあるのが道管、外側にあるのが師管で、このうち、葉でつくられた栄養分が通るのは師管である。

(2)①の理由：アサガオの葉に実験前につくられたデンプンが残っていると、実験の結果が何によるものかわからなくなってしまう。
③の理由：葉の色を抜くことで、ヨウ素液による色の変化がわかりやすくなる。

(3) i ：アルミニウムはくでおおった部分には光はあたらない。Aの部分とは光以外の条件が同じCの部分を比較する。
ⅱ：葉の緑色でない部分には葉緑体はない。Aの部分とは葉緑体以外の条件が同じDの部分を比較する。

**4** (1)吸収された水が通る道を道管という。

(2)水面から水が蒸発すると、水の減少が植物によるものかどうかわからない。

(3)蒸散が行われている部分は次のようになる。
A：葉の裏側、表側、葉以外
B：葉の裏側、葉以外
C：葉の表側、葉以外
これより、葉の表側からの蒸散量は
$A-B＝12.4-9.7＝2.7（cm^3）$、
葉以外からの蒸散量は
$B+C-A＝9.7+4.2-12.4＝1.5（cm^3）$
となる。

(4)多くの植物は、気孔は昼に開き蒸散がさかんに行われるが、夜は気孔を閉じている。そのため暗室に置いた3時間は水がほとんど減少せず、その後光をあてると蒸散によって水が減少すると考えられる。

入試問題で実力チェック！ →本冊P.61

1 (1)ア (2)胎生 (3)ア
(4)(例)**子のときはえらと皮膚で呼吸し，成長しておとなになると肺と皮膚で呼吸する。**
2 (1)**イ，エ**(順不同)
(2)**イ，ウ**(順不同)

**解説**

1 (1)は虫類のからだの表面はうろこでおおわれている。

(2)胎生の動物は，子がうまれた後も母親が乳を与えて子を育てる。

(3)イモリとカエルは両生類，カメとトカゲとヘビはは虫類である。

(4)一生を水中ですごす動物の多くはえらで呼吸をし，おもに陸上で生活をする動物は肺で呼吸をする。

2 (1)からだが外骨格でおおわれ，からだとあしに節がある動物を節足動物という。背骨があるのは脊椎動物，内臓が外とう膜でおおわれているのは軟体動物である。

(2)ミジンコ，カニは節足動物のうちの甲殻類，カブトムシは節足動物のうちの昆虫類，タコ，ハマグリは軟体動物である。

入試問題で実力チェック！ →本冊P.63

1 (1)対立形質 (2)**ウ** (3)5：1
2 (1)Ⅰ：相同器官 Ⅱ：進化 (2)**ウ**

**解説**

1 (1)対立形質の遺伝子が両方とも子に受けつがれたとき，子に現れる形質を顕性形質，子に現れない形質を潜性形質という。

(2)丸としわのかけ合わせでできる子の丸は，すべてＡａである。生殖細胞は減数分裂によって，このうちどちらかの遺伝子をもち，その数は同数である。

(3)孫の丸い種子の遺伝子の組み合わせの割合は，ＡＡ：Ａａ＝1：2である。これを自家受粉させるとＡＡのものからはＡＡの種子だけができる。また，Ａａのものを自家受粉させたときできる種子の遺伝子の組み合わせの割合はＡＡ：Ａａ：ａａ＝1：2：1である。
ＡＡ×ＡＡ→ＡＡ：Ａａ：ａａ＝4：0：0
Ａａ×Ａａ→ＡＡ：Ａａ：ａａ＝1：2：1
Ａａ×Ａａ→ＡＡ：Ａａ：ａａ＝1：2：1
　　　　　ＡＡ：Ａａ：ａａ＝6：4：2
よって，（6＋4）：2＝5：1

2 (1)相同器官は，基本的なつくりが同じで起源は同じものと考えられるが，現在ではそれぞれの動物の生活環境に合うように形やはたらきが進化している。

(2)脊椎動物の前あしの骨格は，どれも下の図の1〜3のように3つの骨で構成されている。

ヒトのうで　コウモリの翼　クジラのひれ

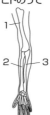

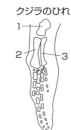

## 入試問題で実力チェック！ →本冊P.65~67

**1** 天気：**雨** 風向：**北西** 風力：**3**

**2** **ウ**

**3** **2.5倍**

**4** (1)**ウ** (2)**ア**

**5** (1)**カ** (2)**9.3g**

(3)A：**ウ** B：**エ** C：**キ** D：**露点**

**6** (1)**イ** (2)**イ**

(3)記号：**エ**

理由：(例)**日射が強い夏は，陸の気温が海の気温よりも大きく上昇することで，気温の低い海から，気温の高い陸に向かって風がふくから。**

### 解説

**1** 天気図記号の○の中は天気，矢の向きは風がふいてくる方角，矢ばねの数は風力を表す。

**2** 大気の重さによって生じる圧力を大気圧(気圧)といい，単位はhPa(ヘクトパスカル)で表す。上空にいくほど，その上にある大気の重さが小さくなるので，大気圧は小さくなる。1hPaは1Paの100倍であり，1m²あたりに100Nの力がはたらいていることを表すので，**ア**は誤り。高気圧・低気圧は周囲に比べて気圧が高いか低いかなので，1000hPaを基準にしているわけではなく，**イ**は誤り。周囲から中心に向かって風がふき，中心で上昇気流が生じるのは低気圧なので，**エ**は誤り。

**3** 圧力は，面を垂直に押す力の大きさが同じとき，力のはたらく面積に反比例する。Aの面積は 6 × 4 ＝ 24〔cm²〕，Bの面積は 6 × 10 ＝ 60〔cm²〕より，60 ÷ 24 ＝ 2.5 より2.5倍であることがわかる。

**4** (1)空気の温度が露点以下になると，空気中の水蒸気が凝結して水滴になる。

(2)湿度〔%〕＝
$$\frac{空気1m^3に含まれる水蒸気量〔g/m^3〕}{その気温での飽和水蒸気量〔g/m^3〕} \times 100$$
より，

$$\frac{17.3〔g/m^3〕}{23.1〔g/m^3〕} \times 100 ＝ 74.8 \cdots より75\%$$

**5** (1)空全体の約半分が雲でおおわれていたことから雲量は5で，天気は晴れである。また，けむりが北東の方角になびいたことから風は南西からふいていたと考えられる。風力は1である。

(2)図1，2と表1の湿度表から12時の湿度を求めると，45%である。また，気温23℃における飽和水蒸気量は，表2より，20.6g/m³であることから，空気1m³中に含まれる水蒸気量は20.6〔g〕 × $\frac{45}{100}$ ＝ 9.27〔g〕である。

(3)空気が上昇し膨張すると温度が下がり，露点に達すると，空気中の水蒸気の一部が小さな水滴や氷の粒になる。これが雲である。

---

**POINT**

雲のでき方

水蒸気を含んだ空気が上昇する。

→膨張して温度が下がり露点に達する。

→ちりなどを核として水蒸気が凝結し，水滴や氷の粒が上空に浮かぶ。

---

**6** (1)北半球では，低気圧の中心に向かって反時計回りにふきこむように風がふく。中心付近では，まわりからふきこんだ大気が上昇気流になる。

(2)冷やされた空気は密度が大きいため，あたたかい空気の下にもぐりこむように進む。

(3)夏は，陸よりも海のほうが表面温度が低い。冷たい空気は密度が大きく重いため，海側には高気圧(太平洋高気圧)ができ，海側から日本列島上空を通って大陸に向かう南東の風がふく。

# 太陽系と星の運動

入試問題で実力チェック！ →本冊P.69～71

1 (1)G　(2)新月　(3)B　(4)イ

2 (1)月：A　金星：c　(2)エ　(3)エ

3 (1)恒星　(2)ア　(3)エ
(4)(例)太陽の中央部では円形に見える黒点の形が，周辺部に動くにつれてだ円形に変化しているから。
(5)銀河系(天の川銀河でも可)

4 (1)惑星　(2)イ　(3)エ　(4)イ　(5)カ

## 解説

1 (1)日食は太陽-月-地球の順に一直線上に並んだときに起こる。

(2)新月は太陽の方向にあるため，見ることができない。

(3)図2の月は，上弦の月(A)から満月(C)へと満ちていくときに観測できる。

(4)月の満ち欠けの周期は約1か月で，Bの位置のおよそ4日後にCの位置にくる。Cの位置に見える月は満月である。

2 (1)観測地点が明け方のとき，太陽のある方向が東なので，真南に見える月の位置はAである。また，東に見える金星はbとcであるが，bは太陽と重なるため見ることができない。

(2)地球の公転周期は1年なので，1年後に地球は同じ位置にある。金星の公転周期は0.62年なので，1年後には金星は $\frac{1}{0.62}$ ＝1.61…より，約1.6周している。これを角度で表すと，360×1.61＝579.6より，約580°　580°－360°＝220°なので，金星はcから220°反時計回りに回った位置にある。すなわち，太陽に向かって左側にくる。この位置の金星は，夕方西の空に観察することができる。

(3)2日後の同じ時刻には月は図のAの位置からBの方向へ動いている。この位置にある月は欠け方が大きくなり，見える方角は東側に移動している。

3 (1)太陽のようにみずから光を出す天体を恒星という。星座をつくる星も恒星である。

(2)黒点は周囲よりも温度が低いため黒く見える。

(3)太陽が1回転(360°回転)するのに約28日かかることから，1日に回転するのは360÷28≒13〔°〕で，4日ではおよそ52°回転する。また，太陽は東から西へ自転しているので，黒点は西へ動く。

(4)太陽の中央部では円形に見えていた黒点が，周辺部へいくにつれて縦長のだ円形に見えることから，太陽は球形であることがわかる。

(5)宇宙には銀河とよばれる恒星の集まりがたくさんある。この銀河のうちのひとつが，太陽が所属している銀河系で，横から見ると凸レンズ状，上から見ると渦巻状の形をしている。

4 (1)太陽のまわりを公転する惑星は，水星，金星，地球，火星，木星，土星，天王星，海王星の8個である。

(2)木星は太陽系最大の惑星で，おもに水素とヘリウムからなる気体でできている。土星も水素とヘリウムからできている惑星であるが，木星より外側を公転しているため，公転周期が長い。

(3)金星の光っている部分は太陽の光があたっている部分である。日の出前なので，この後太陽が東の空からのぼってくることから，光があたっているのは地球から見て左下である。

(4)天体は東の空から出てきて，南の空の高いところに向かってのぼっていく。

(5)金星のほうが地球よりも公転周期が短いので，日がたつにつれて金星は地球から離れていき，小さくなるように見える。また，地球から見て太陽の光があたる部分が大きくなるので，欠け方が小さく丸くなっていく。

# 天体の動きと地球の自転・公転

入試問題で実力チェック! →本冊P.73~75

**1** イ

**2** 22時

**3** ウ

**4** (1)ア  (2)エ

**5** 名称:**日周運動**
　　理由:(例)**地球が地軸を軸として西から東に向かって自転しているため。**

**6** (1)**C**  (2)**エ**  (3)**5時45分**
　　(4)①**ア**  ②**ウ**  ③**オ**
　　(5)符号:**ウ**　南中高度:**55.4°**

**7** (1)**ア**  (2)**イ**

**8** (1)太陽の動き:**c**　地球の位置:**A**
　　(2)**エ**  (3)**ウ**

## 解説

**1** 地球は,太陽のまわりを<u>北極側から見て反時計回りに公転</u>するため,太陽も天球上を反時計回りに移動して見える。つまり,<u>太陽は黄道上を西から東へ移動</u>しているように見える。

**2** 星は,<u>1時間に約15°</u>東から西へ動いて見える。

**3** 地球の公転によって,北の空で同じ時刻に観測した星座は,北極星を中心に反時計回りに<u>1か月に約30°</u>動いて見える。

**4** (1)地軸の北極側が太陽のほうに傾いている**ア**が,夏至のときの地球の位置である。

　　(2)地球の<u>自転</u>の向きも,<u>公転</u>の向きも,北極側から見て反時計回りである。

**5** <u>日周運動</u>は,地球が<u>地軸を中心に西から東へ1日に1回</u>,<u>自転することによって起こる見かけの運動</u>である。

**6** (1)太陽は南の空を通るのでBが南とわかる。よって,Aが東,Cが西,Dが北となる。

　　(2)太陽が動いて見えるのは,地球の自転によるものである。

　　(3)太陽は透明半球上を1時間に2.4cm動くので,7.8cm動くのにかかる時間は

7.8÷2.4＝3.25〔時間〕
0.25時間＝15分より,日の出の時刻は9時の3時間15分前である。

(4)秋分の日から冬至に向けては,日の出の時刻は遅くなり,日の出の位置は南にずれていく。

(5)**ア~エ**の地球を,公転軌道上に置き直して考える。
**ア**を基準に,地軸の傾いている方向と太陽の光の向きに注意しながら**ア~エ**の地球を公転軌道上に配置すると,下の図のようになる。

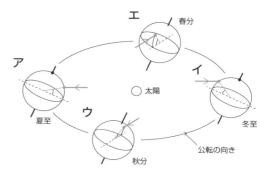

南中高度が最も高い**ア**が夏至で,秋分はそこから90°反時計回りに公転した位置なので,**ウ**が秋分の日を表した地球である。

---

**POINT**

季節が生じる理由
　地球の地軸は公転面に垂直な方向に対して,<u>23.4°</u>傾いている。
→地球が地軸を傾けて公転しているため,季節が生じる。

---

**7** (1)星の日周運動は,地球が地軸を軸として1日に1回自転していることで起こる,見かけの動きである。

　　(2)南中したときに,最も高度が高くなる。ベテルギウスが南中するのは,11月23日午後8時の位置から90°移動したときなので,90÷15＝6〔時間後〕の,11月24日午前2時ごろである。

**8** (1)夏至の日に南中高度が最も高くなり,地軸の北極側は太陽のほうに傾いている。

　　(2)日没直後の地点では,西の方向に太陽があり,太陽の反対側が東の空となるので,東

の空に見える星座は地球に対して太陽の反
対側にあるおうし座である。

(3)<u>同じ時刻に見える星の位置は，1か月に約
30°西寄り</u>に移動する。

**入試問題で実力チェック！** →本冊P.77~79

**1** イ

**2** エ

**3** ①ア　②しゅう曲

**4** (1)示相化石　(2)オ

**5** (1)示準化石

(2)①堆積岩　②チャート

(3)(例)下から泥，砂，れきの
順に粒が大きくなっていった
ことから，水深がしだいに浅
くなった。

(4)右図

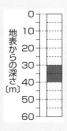

**6** ①ア　②エ

**7** (1)イ　(2)エ

(3)(例)湖の深さは徐々に浅くなった。

(4)記号：イ→ウ→ア

理由：(例)貝の化石を含む層は，火山灰
の層より下にあるため，堆積したのは火
山の噴火より古いことがわかり，火山灰
の層は，断層によってずれているため，
火山の噴火は，断層がずれたときより古
いことがわかるから。

### 解説

**1 2** <u>隆起</u>とは，土地が盛り上がることである。
また，<u>侵食</u>は，流水が風化した岩石をけずる
作用，<u>運搬</u>は，流水がれき・砂・泥を運ぶ作
用である。

**3** 地層を押し縮める大きな力がはたらき，地層
が波打つように曲がった部分を<u>しゅう曲</u>とい
う。観察した地層は東西に広がっていること
から，東西の方向から力がはたらいたと考え
られる。

**4** (1)その化石を含む地層が<u>堆積したときの環境
を知る手がかりとなる化石を示相化石</u>とい
う。限られた環境でしか生息できない生物
の化石であることが示相化石となる条件で
ある。

(2)<u>石灰岩</u>のおもな成分は炭酸カルシウムで，

うすい塩酸と反応して二酸化炭素が発生する。チャートのおもな成分は二酸化ケイ素で，うすい塩酸をかけても二酸化炭素は発生せず，非常にかたい岩石である。凝灰岩は，火山灰などの火山噴出物が堆積して固まったもので，流水による影響を受けていないので粒は角ばっている。

**5** (1)その化石を含む地層が堆積した年代を知る手がかりとなる化石を示準化石という。広範囲に限られた期間栄えた生物の化石であることが示準化石の条件となる。

(2)①等粒状や斑状の組織をもつのは火成岩である。
　②チャートはかたい岩石で，うすい塩酸をかけても反応しない。

(3)河口に運ばれたれき・砂・泥は粒が小さいほど沈みにくく，河口から遠く深いところへ運ばれる。

(4)凝灰岩の層の上面の標高は，
　地点Aは110－30＝80〔m〕，
　地点Bは120－40＝80〔m〕，
　地点Cは90－20＝70〔m〕である。これより，この地域の地層は東西方向には傾いてはいないこと，南北方向では南が低くなるように傾いていることがわかる。これより，地点Dの凝灰岩の層の上面の標高は，地点Cと同じ70mになるので，地表からの深さは100－70＝30〔m〕となる。

**6** 地層は，逆転などがなければ下の層ほど古い。アンモナイトは中生代，ビカリアは新生代に生息していたことから，ビカリアのほうがあとに生息していたことがわかり，アンモナイトが見つかった層Rよりも上の層に含まれることがわかる。

**7** (1)まず，がけaのスケッチ（図2）では層が水平に重なっているので，南北方向には傾いていない。がけbのスケッチ（図3）では，各層の西側が低くなっているので，この地域全体の地層は西に向かって低くなるように傾いているとわかる。

(2)図2で，がけaのいちばん下の層は火山灰の層になっている。また(1)より，この地域の地層は西に向かって低くなるように傾いているのだから，がけaを矢印の方向に

けずっていくと，地面には図3の火山灰の層から上の層が順に現れる。よって，ウ，エが考えられるが，図2と同様に泥の層が一番厚いエが正しい。

(3)ふつう，地層は下にあるものほど古い。Xで示した部分の地層を見ると，下から，泥，砂，れきと，だんだん堆積物の粒の大きさが大きくなっている。粒の大きさが大きいものほど，浅いところで堆積してできるので，湖の深さはしだいに浅くなっていったと考えられる。

(4)図4より，火山灰の層は貝の化石を含む層よりも上にあるので，イ→ウの順に起こった。次に図3より，火山灰の層は断層によってずれているので，ウ→アの順に起こった。

# 大気の動きと日本の気象

入試問題で実力チェック！ ➡本冊P.81～83

**1** イ

**2** ア

**3** へんせいふう

**4** (1)**温暖前線**　(2)**エ**

　　(3)**ウアイエ**

**5** (1)**1012hPa**　(2)**移動性高気圧**

　　(3)**エ**　(4)**ク**

　　(5)(例)**太平洋高気圧が弱まるから。**

**6** (1)(a)天気図：**C**　露点：**24℃**

　　　(b)**BDAC**

　　(2)①**X**　②・③**イ**

## 解説

**1** 図は，西側に高気圧，東側に低気圧がある西高東低の気圧配置なので，冬の典型的な天気図である。冬の天気に最も影響を及ぼす気団はシベリア気団である。

**2** 梅雨の時期には，東西に長くのびた停滞前線が発生する。**イ**は夏，**ウ**は夏～秋，**エ**は冬の時期の天気図である。

**3** 中緯度の上空に西寄りの風である偏西風がふくことで，日本付近の低気圧や移動性高気圧は西から東へ移動することが多い。

**4** (1)低気圧の西側には寒冷前線，東側には温暖前線ができる。

　　(2)━●━●━は温暖前線を表す。寒冷前線では，寒気が暖気の下にもぐりこみ，暖気を上空に押し上げる。温暖前線では，暖気が寒気の上にはい上がりゆるやかに上昇していく。

　　(3)温暖前線通過前は，乱層雲におおわれ長い時間雨が降る。前線通過後，暖気の中に入り，南寄りの風がふき，気温が上がる。寒冷前線が近づくと，積乱雲により短時間，強い雨が降る。前線通過後は寒気におおわれ，北寄りの風がふき，気温が下がる。

**5** (1)等圧線は，4hPaごとに引かれている。1004hPaの低気圧を基準に考えると，Aは等圧線2本分気圧が高いので，1012hPa

となる。

　　(2)春には，偏西風の影響を受け，移動性高気圧と低気圧が交互に通過し，短い周期で天気が変わることが多い。

　　(3)偏西風の影響で低気圧や高気圧は西から東へと移動することが多いので，低気圧や高気圧，前線の東西方向の動きに注目して考える。

　　(4)図2は停滞前線が長くのびていることから梅雨の時期の天気図であると考えられる。この停滞前線は，冷たくしめったオホーツク海気団と，あたたかくしめった小笠原気団の勢力がほぼ同じためにできる。

　　(5)台風は太平洋高気圧のふちに沿って進むことが多い。8月に発達していた太平洋高気圧が弱まって退いていくと，台風の進路も南下していく。

**6** (1)(a)表1より，このときの宮崎市の気圧は1010hPaである。宮崎県付近にこの値に近い等圧線が通っているのはCである。また，気温が30℃のときの飽和水蒸気量は表2より30.4g/m$^3$，湿度が72％なので，空気1m$^3$あたりに含まれている水蒸気量は

$$30.4(g) \times \frac{72}{100} = 21.888(g)$$

　　　　表2より，露点は約24℃である。

　　(b)図1のAは東西にのびた停滞前線(梅雨前線)が見られることから梅雨，Bは西高東低の気圧配置になっていることから冬，Cは日本列島が高気圧におおわれていて南高北低の気圧配置になっていることから夏，Dは高気圧と前線をともなった低気圧が交互に並んでいることから春の天気図である。これらを，図2の秋から季節の順に並べればよい。

　　(2)Xは冬に発達するシベリア気団，Yは夏の前に発達するオホーツク海気団，Zは夏に発達する小笠原気団である。

## 火山

入試問題で実力チェック！　→本冊P.85

1 エ

2 鉱物

3 (1)A：斑晶　B：石基
　(2)斑状組織
　(3)D　(4)(例)マグマのねばりけ
　(5)ア

### 解説

1 火成岩は火山岩と深成岩に分けられる。火山岩はマグマが地表や地表近くで急速に冷えて固まってできるのに対し，深成岩はマグマが地下深いところでゆっくり冷えて固まってできる。また，火山岩のつくりは斑状組織であるのに対し，深成岩のつくりは等粒状組織である。

2 マグマが冷えてできた結晶を鉱物という。

3 (1)斑状組織で，マグマが急に冷やされたため大きな結晶になれなかった部分を石基，石基の中にまばらに見られる大きな鉱物の結晶を斑晶という。
　(2)斑状組織は火山岩に特有のつくりである。
　(3)図3は盛り上がっていることから，ねばりけが強いこと，図4は横に流れているのでねばりけが弱いことがわかる。水の量が同じとき，小麦粉の量が多いほどねばりけは強くなるので，図3はDの袋をしぼり出したものである。
　(4)マグマのねばりけが強いほど盛り上がった形の火山に，弱いほど傾斜がゆるやかな形の火山になる。
　(5)斑状組織をもつのは火山岩で，マグマのねばりけが弱いほど，有色鉱物を多く含む。火山岩はアの玄武岩とエの流紋岩であるが，玄武岩のほうが有色鉱物を多く含み黒っぽい色をしている。イの花こう岩とウの斑れい岩は深成岩である。

## 地震

入試問題で実力チェック！　→本冊P.87

1 主要動

2 エ

3 (1)初期微動　(2)15時9分50秒
　(3)X：32　Y：54　(4)①ア　②エ
　(5)エ

### 解説

1 Xの波が初期微動，Yの波が主要動を表している。Xの波が届いてからYの波が届くまでの時刻の差を初期微動継続時間という。

2 ある2つの地震の記録を比べたとき，初期微動継続時間が等しければ震源からの距離がおおよそ同じであるといえ，初期微動継続時間が長いほど震源から遠い場所となる。

3 (1)P波によるゆれが初期微動，S波によるゆれが主要動である。
　(2)S波はBC間の距離の差80kmを時間の差20秒で伝わっているので，速さは$\frac{80}{20}=4$〔km/s〕となる。よって，地震発生の時刻はB地点にS波が到着する160÷4＝40〔s〕前の15時9分50秒である。
　(3)X：観測地点Aは地震発生の時刻からS波が到着するまでに8秒かかっているので，震源からの距離は4×8＝32〔km〕である。Y：P波はBC間の距離の差80kmを10秒で伝わっているので，速さは$\frac{80}{10}=8$〔km/s〕となる。よって，A地点にP波が到着したのは，32÷8＝4〔s〕より，地震発生時刻の4秒後の15時9分54秒である。
　(4)マグニチュードは，地震そのものの規模の大小を表す値で，マグニチュードが大きい地震ほど，震央付近のゆれは大きくなる。また，マグニチュードの大きさが同じ地震であれば，震源が浅いほどゆれが感じられる範囲が広くなり，同じ地点でのゆれは大きくなる。

(5)大陸プレートの下に，海洋プレートが沈み
こむ。このとき大陸プレートは海洋プレー
トに引きずられるように動く。

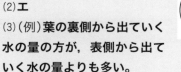

**1** (1)**右図**

(2)**エ**

(3)**(例)葉の裏側から出ていく
水の量の方が，表側から出て
いく水の量よりも多い。**

(4)**55mm**

**2** (1)**20cm** (2)**エ**

(3)**エ** (4)**D**

**3** (1)**天気 くもり 風向 南西
風力 2**

(2)**ウ** (3)**エ**

(4)**(例)気温が急激に下がり，風向が北寄
りに変わった14~15時の間に寒冷前線が
通過したと考えられる。**

**4** (1)**0.1秒** (2)**50cm/s**

(3)**(例)速さは一定の割合で増加している。**

(4)**ウ** (5)**等速直線運動**

**5** (1)**Fe＋S→FeS**

(2)**エ** (3)**A イ B ア**

(4)**8.6g**

## 解説

**1** (1)根から吸収された水は，道管を通る。アジ
サイのような双子葉類の茎では，道管と師
管が集まった維管束が輪のように並んでい
て，茎の中心に近い方に道管が集まってい
る。

(2)おもに葉で行われる蒸散は，根から吸収さ
れた水が道管を通って葉まで運ばれ，気孔
から水蒸気となって出ていく現象である。
気孔は，2個の孔辺細胞で囲まれたすきま
である。

(3)ワセリンをぬると，気孔がふさがれ，ぬっ
た部分からは蒸散が行われなくなる。した
がって，Bでは葉の裏側と茎から，Cでは
葉の表側と茎から蒸散が行われる。これら
を比べると，葉の表側と裏側での蒸散量の
差を調べることができる。

(4)Aでは葉の表側・葉の裏側・茎から，Bで
は葉の裏側・茎から，Cでは葉の表側・茎
から，Dでは茎からの蒸散により水の位置
が変化している。Bの値からDの値をひく

と，葉の裏側からの蒸散による水の位置の変化がわかる。57－2＝55〔mm〕
Aの値からCの値をひいても求めることができる。

**2** (1) 光軸（凸レンズの軸）に平行に進む光が凸レンズに入射したあと１つに集まる点を焦点という。また焦点距離は凸レンズの中心から焦点までの距離である。点Hに光が集まっていることから点Hが焦点であり，点Hは凸レンズの中心から４マスであることから焦点距離は20cmとわかる。

(2) 焦点距離の２倍の位置に物体を置くと，凸レンズの反対側の焦点距離の２倍の位置に，物体と同じ大きさの実像ができる。

(3) 凸レンズの半分を黒い紙でおおっても，おおっていない部分を通った光によって像ができる。ただし，凸レンズを通る光の量が少なくなるので，像は暗くなる。

(4) 焦点の位置に物体があるときは像はできない。焦点よりも凸レンズに物体を近づけていくと，スクリーン上に実像はできず，凸レンズを通して物体よりも大きい虚像が見える。

**3** (1) 風力は矢ばねの数より２，また，矢ばねの方向の南西が風向（風のふいてくる方向）を表している。

(2) 温暖前線なので，暖気が寒気の上にはい上がるようにして進む。

(3) 温暖前線付近では，広い範囲に雲ができるため，雨の降る範囲は広く，降る時間も長い。また，比較的おだやかな雨になることが多い。一方，寒冷前線付近では，寒気が暖気を押し上げるように進むので強い上昇気流が生じる。そのため積乱雲が発達し，強いにわか雨になることが多い。

(4) 寒冷前線の通過後は，北寄りの風に変わり，気温が急激に下がる。

**4** (1) １秒間に50回打点するので，各打点の間隔は$\frac{1}{50}$秒である。よって５打点を打つのにかかる時間は$\frac{1}{50}×5＝0.1$〔秒〕である。

(2) 速さ〔cm/s〕＝$\frac{移動距離〔cm〕}{かかった時間〔s〕}$より，

$$\frac{3＋5＋7〔cm〕}{0.3〔s〕}＝50〔cm/s〕$$

(3) テープの長さは0.1秒間に移動した距離であり，台車の速さを表している。テープの長さが一定の割合で長くなっていくことから，速さが一定の割合で増加しているといえる。

(4) 台車が斜面を下っている間は，台車に斜面に平行な下向きの力がはたらき続ける。この力は台車にはたらく重力の斜面に平行な向きの分力なので，大きさは常に一定である。

(5) 一直線上を一定の速さで進む運動を等速直線運動という。このとき，物体の運動の方向に力ははたらいていない。

**5** (2) 鉄と硫黄が結びつく反応は発熱反応である。そのため鉄と硫黄の混合物が入った試験管の上部を加熱すると反応が始まり，反応によって熱が発生するので，加熱するのをやめても反応が進む。できた硫化鉄は黒い物質である。

(3) 磁石に引きつけられるのは，鉄の性質である。加熱していない試験管Bには鉄が残っているので磁石を近づけると引きつけられるが，加熱した試験管Aの鉄は硫黄と結びつき硫化鉄になって鉄の性質は失われいるので，磁石を近づけても引きつけられない。

(4) 鉄粉3.5gと硫黄2.0gが過不足なく反応する。鉄粉15.0gと過不足なく反応する硫黄の質量を$x$gとすると，3.5：2.0＝15.0：$x$より，$x＝8.57…$〔g〕となる。

**1** (1)消化管　(2)ウ

(3)B，C，D　(4)アミノ酸

(5)C　(6)モノグリセリド

(7)名称：柔毛　記号：D

(8)記号：a　名称：毛細血管

**2** (1)ア　(2)体細胞分裂

(3)( a →) e (→) d (→) c (→) f (→) b

**3** (1)黄道

(2)①ウ　②15度

(3)おうし座　(4)西

**4** (1)3.0W　(2)900J

(3)12.0W　(4)8.0℃

(5)1.5倍　(6)5.0℃

**5** (1)①イ　②エ　(2)P

(3)イ　(4)銅

(5)A：亜鉛　B：硫酸　C：銅

## 解説

**1** (1)消化管は口から始まり，食道，胃，小腸，大腸，肛門と続く。

(2)Aは肝臓，Bは胃，Cはすい臓，Dは小腸，Eは大腸である。

(3)(4)タンパク質は，胃から出される胃液中の消化酵素（ペプシン），すい臓から出されるすい液中の消化酵素（トリプシン），小腸の壁から出される消化酵素によって，アミノ酸に分解される。

(5)(6)脂肪は肝臓でつくられ胆のうにたくわえられている胆汁のはたらきで水に混ざりやすい状態になり，すい臓から出される消化酵素（リパーゼ）によって，脂肪酸とモノグリセリドに分解される。なお，胆汁には消化酵素は含まれていない。

(7)消化された養分は，おもに小腸の内側のひだの表面にある柔毛から吸収される。

(8)デンプンは分解されてブドウ糖になる。ブドウ糖とタンパク質が分解されてできたアミノ酸は，柔毛から吸収されて毛細血管に入り，肝臓を通って全身に運ばれる。脂肪が分解されてできた脂肪酸とモノグリセリドは柔毛の表面から吸収されたあと再び脂肪となり，リンパ管に入り首の下で太い血管に入り全身に運ばれる。

**2** (1)顕微鏡のレンズは，接眼レンズ→対物レンズの順にとりつけるので，アは誤りである。先に対物レンズをとりつけるとほこりなどが鏡筒に入る可能性があるため，接眼レンズから先にとりつける。

(3)染色体に注目して考える。染色体は，はっきり見えるようになった( e )あと，細胞の中央部分に集まり( d )，分かれて細胞の両端に移動する( c )。その後，細胞質が2つに分かれる( f )。

**3** (1)地球から見た太陽は，地球の公転によって星座の中を動いているように見える。この星座の中の太陽の通り道を黄道という。

(2)①図1の地球の位置はアが夏至，イが秋分，ウが冬至，エが春分である。図2の太陽の動きを見ると，日の出と日の入りの位置が南寄りになっていることから，この観察をしたのはウの冬至であるとわかる。
②∠AOBは1時間に太陽が動いた角度を表している。太陽は24時間に360度動いて見えることから，360÷24＝15〔度〕となる。

(3)図2の観察をした日の地球の位置はウである。真夜中に南の空に見える星座は，太陽と反対の方向にある星座なので，おうし座とわかる。

(4)ウの位置にある地球は3か月後にはエの位置にくる。この日の真夜中，南の空にはしし座が見える。おうし座はエの位置から見て右側にあるので，西の空に見える。

**4** (1)電力〔W〕＝電流〔A〕×電圧〔V〕より，1.0〔A〕×3.0〔V〕＝3.0〔W〕

(2)熱量〔J〕＝電力〔W〕×時間〔s〕より，3.0〔W〕×（5×60）〔s〕＝900〔J〕

(3)オームの法則より，電熱線を流れる電流の大きさは，電熱線の両端に加わる電圧の大きさに比例するので，電熱線に加える電圧を3.0Vの2倍の6.0Vにすると，電流も2倍の2.0Aとなる。よって，消費電力は2.0〔A〕×6.0〔V〕＝12.0〔W〕

(4)水の上昇温度は消費電力に比例する。消費電力が3.0Wのときの5分後の水の上昇温

度は，表より20.0－18.0＝2.0〔℃〕である。消費電力が12.0Wのときの水の上昇温度を$x$℃とすると，3.0：2.0＝12.0：$x$より，$x$＝8.0〔℃〕となる。

(5) 電熱線bに3.0Vの電圧を加えたときの電流が1.5Aなので，このときの消費電力は3.0×1.5＝4.5〔W〕。電熱線aの消費電力は3.0Wなので，4.5÷3.0＝1.5より，1.5倍となる。

(6) 電熱線を並列につなぐと，電熱線a，電熱線bそれぞれに3.0Vの電圧が加わるので，電熱線aの消費電力は3.0W，電熱線bの消費電力は4.5Wより回路全体では合計7.5Wである。このときの水の上昇温度を$y$℃とすると，3.0：2.0＝7.5：$y$より，$y$＝5.0〔℃〕となる。

**5** (1) ダニエル電池のような，化学変化を利用して，化学エネルギーを電気エネルギーに変換してとり出す装置を<u>電池（化学電池）</u>という。電子オルゴールは，電気エネルギーを音エネルギーに変換して音を鳴らしている。

(2) ダニエル電池では，亜鉛原子Znが電子を失い亜鉛イオン$Zn^{2+}$になってとけ出し，亜鉛板に残った<u>電子は導線を通って銅板へ移動</u>する。水溶液中の銅イオン$Cu^{2+}$は銅板の表面で電子を受けとって銅原子Cuになる。つまり，電子は亜鉛板から銅板へ移動しているので，電子の移動の向きはPである。

(3) 亜鉛板はとけ出すので，表面がとけてぼろぼろになって細くなっていく。

(4) 水溶液中の銅イオンが電子を受けとって銅原子になり，銅板に付着する。

(5) セロハンチューブには小さな穴があいており，陽イオンや陰イオンがすぐに混じり合わず，少しずつ移動することで，陽イオンと陰イオンによる電気的なかたよりができにくくなる。セロハンチューブのかわりに，素焼きの容器などを使用することもある。